# 地被植物图谱

## Atlas of Ground Cover Plants

阮积惠　徐礼根　编著

中国建筑工业出版社

**图书在版编目（CIP）数据**

地被植物图谱/阮积惠，徐礼根　编著. —北京：中国
建筑工业出版社，2006

ISBN 978 - 7 - 112 - 08682 - 5

Ⅰ. 地...　Ⅱ.①阮...②徐...　Ⅲ. 地被植物－图谱
Ⅳ. S688.4 - 64

中国版本图书馆 CIP 数据核字（2006）第 122936 号

本书结合作者的研究工作，对地被植物的定义、特点、分类以及在
园林中的作用进行了论述，并提出地被植物的选择标准、地被植物在园
林中的配置及种植养护要点；在本书的各论部分对 81 个科 193 个属 231
种（含变种）地被植物的学名、别名、形态特征、分布、生态习性、繁
殖方法及其用途等方面进行详细的描述，每一种植物都配上带有生殖器
官的植物形态照片以便对照鉴别，向读者系统地展示了地被植物丰富多
彩的种类和应用景观，是近年国内最为详尽的地被植物图谱类参考书，
可作为大专院校园林、园艺等专业师生的专业参考书，可供园林绿化工
作者、园林景观设计人员、园林绿化管理工作者及从事植物学、生态学、
环境科学及相关专业的人员和花卉爱好者阅读参考。

责任编辑：白玉美　吴宇江
版式设计：谭　克
责任校对：邵鸣军　陈晶晶
摄　　影：阮积惠

**地被植物图谱**

Atlas of Ground Cover Plants

阮积惠　徐礼根　编著

\*

中国建筑工业出版社出版、发行（北京海淀三里河路 9 号）
各地新华书店、建筑书店经销
北京广厦京港图文有限公司设计制作
天津翔远印刷有限公司印刷
\*

开本：787×1092 毫米　1/16　印张：10　字数：243 千字
2007 年 5 月第一版　2020 年 6 月第二次印刷
定价：**88.00** 元
ISBN 978 - 7 - 112 - 08682 - 5
　　　　（35540）

# 序

　　记得欧洲许多国家都自豪地表示他们国家"没有暴露的土面"，确实像英、法、北欧诸国做得很细致。近百年尤其二战以后，不仅草坪草的研究突飞猛进，而且地被植物也在小心地把土面都盖上了。半个世纪前我在丹麦学习时，老师要我选作的论文题是："园林中老树更新的问题"。我当时希望搞园林设计的课题，可是老师说"该设计的地方都设计完了，各苗圃的树苗只有换掉老树才有销路！"可见绿化的程度已呈饱和了。回国以后，看看新树还没栽足，尚轮不到老树更新。春天在北京遇到不少刮"黄风"的日子，自然想起大西北的黄沙遍地，想起在新疆见到的几座断壁残垣、荒无人烟的"古城故址"。往事并不如烟，至今心中仍旧凄然。

　　今天，非常高兴见到我的母校浙江大学阮积惠、徐礼根两位教授多年研究的《地被植物图谱》问世。本书图文并茂，将国内外大量的地被植物整理出来，加以科学地介绍，其中包括草本、木本、灌木、藤本、一二年生乃至多年生宿根、球根植物，林林总总，细腻周到，是一本难得的工具书。本书的出版将为祖国南北减少水土流失，增添绿化美化，立下一份不朽的功劳。北方干旱的黄土地上日渐沙化的日子中，更显得浙江以外的各省一定也在渴望早日读到这本宝书，故乐为序。

余树勋

2006 年 6 月于北京

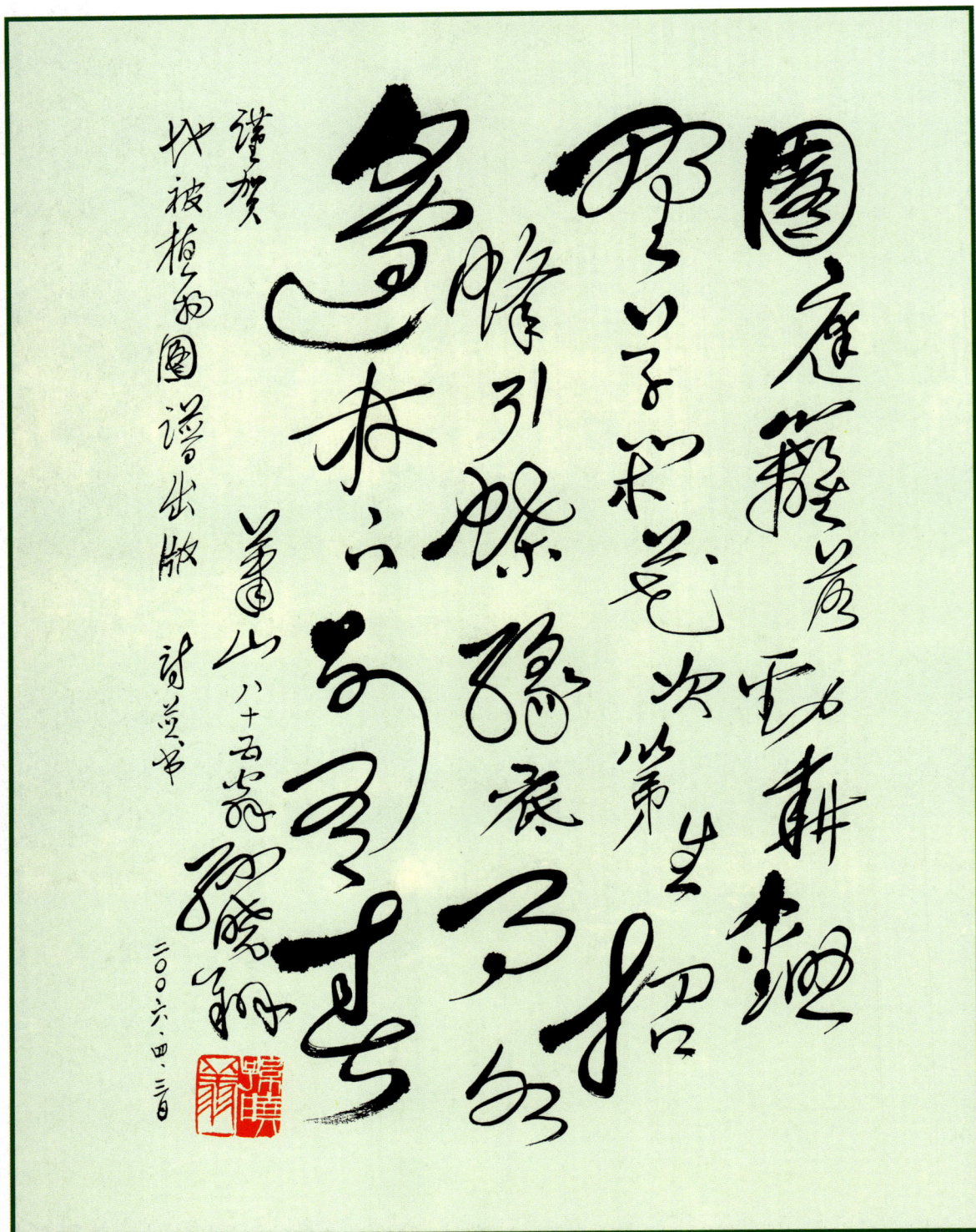

注释：北京林业大学教授孙晓翔先生为《地被植物图谱》一书题词：

"园庭篱落劲耕锄，野草闲花次第生；招蜂引蝶缘底事？水边林下别有春！"

# 目　录

序

上编　概论

一、地被植物的概念 ………………………………………………………………… 2

　1.地被植物的定义 …………………………………………………………………… 2

　2.地被植物的特征 …………………………………………………………………… 2

　3.地被植物的作用 …………………………………………………………………… 3

二、地被植物的分类 ………………………………………………………………… 4

　1.按照习性和生态类型分类 ………………………………………………………… 4

　2.按照供观赏器官的特点分类 ……………………………………………………… 4

　3.按照所适应的生态环境分类 ……………………………………………………… 4

　4.按照植物亲缘关系分类 …………………………………………………………… 4

三、园林中常见的地被类型 ………………………………………………………… 5

　1.大面积景观地被 …………………………………………………………………… 5

　2.耐阴地被 …………………………………………………………………………… 5

　3.步石间的地被 ……………………………………………………………………… 5

　4.悬垂或蔓生地被 …………………………………………………………………… 5

　5.防治侵蚀地被 ……………………………………………………………………… 8

　6.岩石园地被植物 …………………………………………………………………… 8

　7.水生地被 …………………………………………………………………………… 8

　8.草坪 ………………………………………………………………………………… 8

四、地被植物的选择原则及其配置 ………………………………………………… 8

　1.地被植物的选择原则 ……………………………………………………………… 8

　2.地被植物在城市绿化中的配置 …………………………………………………… 9

五、地被植物的种植 ………………………………………………………………… 16

    1.土地平整 ················································································· 16

    2.草坪的种植和施工 ····································································· 17

    3.草坪上其他地被植物的配植 ························································ 17

    4.地被植物的养护及管理 ······························································ 18

**六、地被植物在园林中的应用现状与展望** ·················································· 19

# 下编　各论

翠云草 *Selaginella uncinata* (Desv.) Spring ·································· 22

芒萁 *Dicranopteris pendata* (Houtt.) Nakaike ···························· 22

海金沙 *Lygodium japonicum* (Thunb.) Sw. ································ 23

蕨 *Pteridium aquilinum* (L.) Kuhn var. *latiusculum* (Desv.) Underw. · 23

井栏边草 *Pteris multifida* Poir. ················································ 24

延羽卵果蕨 *Phegopteris decursive-pinnata* (Van Hall) Fe'e ············ 24

胎生狗脊 *Woodwardia prolifera* Hook. et Arn. ·························· 24

贯众 *Cyrtomium fortunei* J. Sm. ··············································· 25

肾蕨 *Nephrolepis auriculata* (L.) Triman ·································· 25

盾蕨 *Neolepisorus ovatus* (Bedd.) Ching ·································· 26

庐山石韦 *Pyrrosia sheareri* (Bak.) Ching ································ 26

槲蕨 *Drynaria fortunei* (Kze.) J. Sm. ······································ 27

金叶千头柏 *Platycladus orientalis* (L.) Franco 'Semperaurea' ········ 27

球柏 *Sabina chinensis* (L.) Ant.'Globosa' ································· 28

铺地柏 *Sabina procumbens* (Endl.) Iwata et Kusaka ···················· 28

沙地柏 *Sabina vulgaris* Ant. ···················································· 28

蕺菜 *Houttuynia cordata* Thunb. ·············································· 29

薜荔 *Ficus pumila* L. ···························································· 29

杜衡 *Asarum forbesii* Maxim. ·················································· 30

花叶冷水花 *Pilea cadierei* Gagnep. et Guill. ······························· 30

火炭母 *Polygonum chinense* L. ················································ 31

何首乌 *Polygonum multiflorum* Thunb. ····································· 31

荭蓼 *Polygonum orientale* L. ·················································· 32

扫帚菜 *Kochia scoparia* Schrad. f. *trichophylla* Schinz et Thell. ······ 32

厚皮菜 *Beta vulgaris* L. var. *cicla* L. ········································ 33

鸡冠花 *Celosia cristata* L. ······················································ 33

五色苋 *Alternanthera ficoidea* (L.) R.Br.ex Roen et Rchlt 'Bettzickiana' ················· 34

千日红 *Gomphrena globosa* L. ·················································· 34

苋 *Amaranthus tricolor* L. ·················································· 35

光叶子花 *Bougainvillea glabra* Choisy. ·········································· 35

紫茉莉 *Mirabilis jalapa* L. ·················································· 36

美州商陆 *Phytolacca americana* L. ·············································· 36

大花马齿苋 *Portulaca grandiflora* Hook. ·········································· 36

须苞石竹 *Dianthus barbatus* L. ················································ 37

石竹 *Dianthus chinensis* L. ·················································· 37

剪春罗 *Lychnis coronata* Thunb. ·············································· 38

矮雪轮 *Silene pendula* L. ···················································· 38

女萎 *Clematis apiifolia* DC. ·················································· 39

飞燕草 *Consolida ambigua* (L.) P. W. Ball et Heywood ····························· 39

芍药 *Paeonia lactiflora* Pall. ·················································· 40

小毛茛 *Ranunculus ternatus* Thunb. ············································ 40

木通 *Akebia quinata* (Houtt.) Decne. ·········································· 41

长柱小檗 *Berberis lempergiana* Ahrendt. ········································ 41

六角莲 *Dysosma pleiantha* (Hance) Woods. ······································ 42

阔叶十大功劳 *Mahonia bealei* (Fort.) Carr. ······································ 42

十大功劳 *Mahonia fortunei* (Lindl.) Fedde ······································ 43

南天竹 *Nandina domestica* Thunb. ············································ 43

木防己 *Cocculus orbiculatus* (L.) DC. ·········································· 44

刻叶紫堇 *Corydalis incisa* (Thunb.) Pers. ········································ 44

荷包牡丹 *Dicentra spectabilis* (L.) Lem. ········································ 45

花菱草 *Eschscholtzia californica* Cham. ········································ 45

虞美人 *Papaver rhoeas* L. ·················································· 46

醉蝶花 *Cleome spinosa* L. ·················································· 46

羽衣甘蓝 *Brassica oleracea* L. var. *acephala* L. f. *tricolor* Hort. ··················· 47

香雪球 *Lobularia maritima* (L.) Desv. ·········································· 47

诸葛菜 *Orychophragmus violaceus* (L.) O.E. Schulz ································ 48

八宝景天 *Hylotelephium erythrostictum* (Miq.) H. Ohba ····························· 48

东南景天 *Sedum alfredii* Hance ·············································· 49

佛甲草 *Sedum lineare* Thunb. ················································ 49

垂盆草 *Sedum sarmentosum* Bunge ············································ 50

绣球 *Hydrangea macrophylla* (Thunb.) Ser. ······································ 50

虎耳草 *Saxifraga stolonifera* Meerb. ·········································· 51

海桐 *Pittosporum tobira* (Thunb.) Ait. ································· 51

小叶蚊母树 *Distylium buxifolium* (Hence) Merr. ····················· 52

檵木 *Loropetalum chinense* (R.Br.) Oliv. ························· 52

红花檵木 *Loropetalum chinense* (R. Br.) Oliv. var. *rubrum* Yieh ········ 53

日本木瓜 *Chaenomeles japonica* (Thunb.) Lindl. ··················· 53

平枝枸子 *Cotoneaster horizontalis* Decne. ······················· 54

蛇莓 *Duchesnea indica* (Andr.) Focke ·························· 54

棣棠花 *Kerria japonica* (L.) DC. ····························· 55

蛇含委陵菜 *Potentilla sandaica* (Bl.) Kuntze ···················· 55

火棘 *Pyracantha fortuneana* (Maxim.) Li ······················· 56

蓬蘽 *Rubus hirsutus* Thunb. ······························· 56

高粱泡 *Rubus lambertianus* Ser. ···························· 57

茅莓 *Rubus parvifolius* L. ······························ 57

木香花 *Rosa banksiae* Ait.f. ····························· 58

硕苞蔷薇 *Rosa bracteata* Wendl. ····························· 58

月季花 *Rosa chinensis* Jacq. ····························· 59

金樱子 *Rosa laevigata* Michx. ····························· 59

野蔷薇 *Rosa multiflora* Thunb. ···························· 60

七姐妹 *Rosa multiflora* Thunb.'Carnea' ······················· 60

缫丝花 *Rosa roxburghii* Tratt. ···························· 60

麻叶绣线菊 *Spiraea cantoniensis* Lour. ························ 61

粉花绣线菊 *Spiraea japonica* L. f. ·························· 61

李叶绣线菊 *Spiraea prunifolia* Sieb.et Zucc. ···················· 62

紫穗槐 *Amorpha fruticosa* L. ····························· 62

直立黄芪 *Astragalus adsurgens* Pall. ························· 63

云实 *Caesalpinia decapetala* (Roth) Alst. ······················ 63

锦鸡儿 *Caragana sinica* (Buch.) Rehd. ························ 64

马棘 *Indigofera pseudotinctoria* Mats. ························ 64

鸡眼草 *Kummerowia striata* (Thunb.) Schindl. ···················· 65

胡枝子 *Lespedeza bicolor* Turcz. ···························· 65

百脉根 *Lotus corniculatus* L. ···························· 66

紫花苜蓿 *Medicago sativa* L. ····························· 66

葛藤 *Pueraria lobata* (Willd.) Ohwi. ························· 67

苦参 *Sophora flavescens* Ait. ····························· 67

白三叶 *Trifolium repens* L. ····························· 68

救荒野豌豆 *Vicia sativa* L. ····························· 68

紫藤 *Wisteria sinensis* (Sims) Sweet ················································· 68

酢浆草 *Oxalis corniculata* L. ·························································· 69

多花酢浆草 *Oxalis martiana* Zucc. ················································· 69

天竺葵 *Pelargonium hortorum* Bailey ·············································· 70

盾叶天竺葵 *Pelargonium peltatum* (L.) Ait. ······································ 70

旱金莲 *Tropaeolum majus* L. ·························································· 71

银边翠 *Euphorbia marginata* Pursh. ··············································· 71

一品红 *Euphorbia pulcherrima* Willd. ·············································· 72

黄杨 *Buxus sinica* (Rehd. et Wils.) Cheng ······································ 72

枸骨 *Ilex cornuta* Lindl. et Paxt. ···················································· 73

扶芳藤 *Euonymus fortunei* (Turcz.) Hand. -Mazz. ···························· 73

冬青卫矛 *Euonymus japonicus* L. ···················································· 74

凤仙花 *Impatiens balsamina* L. ······················································ 74

异叶爬山虎 *Parthenocissus dalzielii* Gagnep. ····································· 75

爬山虎 *Parthenocissus tricuspidata* (Sieb. et Zucc.) Planch. ················ 75

冬红茶梅 *Camellia hiemalis* Nakai ·················································· 76

金丝桃 *Hypericum monogynum* L. ··················································· 76

金丝梅 *Hypericum patulum* Thunb. ex Murray ································· 77

紫花地丁 *Viola philippica* Cav. ······················································ 77

三色堇 *Viola tricolor* L. ································································ 78

四季海棠 *Begonia cucullata* Willd. ·················································· 78

秋海棠 *Begonia evansiana* Andr. ···················································· 79

结香 *Edgeworthia chrysantha* Lindl. ··············································· 79

金边胡颓子 *Elaeagnus pungens* Thunb. var. *aurea* ···························· 80

细叶萼距花 *Cuphea hyssopifolia* H.B.K. ·········································· 80

千屈菜 *Lythrum salicaria* L. ·························································· 80

赤楠 *Syzygium buxifolium* Hook. et Arn. ········································· 81

倒挂金钟 *Fuchsia hybrida* Hort ex Sieb. et Voss ····························· 82

待霄草 *Oenothera stricta* Ledeb.et Link ·········································· 82

八角金盘 *Fatsia japonica* (Thunb.) Dence. et Planch. ······················ 83

常春藤 *Hedera helix* L. ································································· 83

中华常春藤 *Hedera nepalensis* K.Koch var.*sinensis* (Tobl.) Rehd. ········ 84

花叶青木 *Aucuba japonica* Thunb.'Variegate' ·································· 84

羊踯躅 *Rhododendron molle* (Bl.) G. Don ········································ 85

白花杜鹃 *Rhododendron mucronatum* (Bl.) G. Don ··························· 85

锦绣杜鹃 *Rhododendron pulchrum* Sweet ········································· 86

杜鹃 *Rhododendron simsi* Planch. ································································ 86

紫金牛 *Ardisia japonica* (Thunb.) Bl. ···················································· 87

聚花过路黄 *Lysimachia congestiflora* Hemsl. ········································ 87

金钟花 *Forsythia viridissima* Lindl. ······················································ 88

云南黄馨 *Jasminum mesnyi* Hance ·························································· 88

迎春 *Jasminum nudiflorum* Lindl. ·························································· 89

金叶女贞 *Ligustrum* * *vicaryi* Hort. ······················································ 89

醉鱼草 *Buddleja lindleyana* Fort. ·························································· 90

长春花 *Catharanthus roseus* (L.) G. Don ············································ 90

络石 *Trachelospermum jasminoides* (Lindl.) Lem. ······························ 91

花叶蔓长春花 *Vinca maijor* L. 'Variegata' ·········································· 91

旋花 *Calystegia silvatica* (Kitaib.) Griseb. ·········································· 92

马蹄金 *Dichondra micrantha* Urban ······················································ 92

牵牛 *Pharbitis nil* (L.) Choisy ······························································ 93

茑萝 *Quamoclit pennata* (Lam.) Bojer ·················································· 93

臭牡丹 *Clerodendrum bungei* Steud. ······················································ 94

马缨丹 *Lantana camara* L. ······································································ 94

美女樱 *Verbena hybrida* Voss ································································ 95

彩叶草 *Coleus scutellarioides* (L.) Benth. ·············································· 95

连钱草 *Glechoma longituba* (Nakai) Kupr. ············································ 96

野芝麻 *Lamium barbatum* Sieb. et Zucc. ·············································· 96

紫苏 *Perilla frutescens* (L.) Britton ······················································ 97

一串红 *Salvia splendens* Ker.−Gawl. ···················································· 97

五彩辣椒 *Capsicum annuum* L. var.*cerasiforme* Irish ···························· 98

枸杞 *Lycium chinense* Mill. ···································································· 98

花烟草 *Nicotiana alata* Link et Otto ···················································· 99

矮牵牛 *Petunia hybrida* Vilm. ································································ 99

白英 *Solanum lyratum* Thunb. ······························································ 100

蓝猪耳 *Torenia fournieri* Linden ex Fourn. ·········································· 100

金鱼草 *Antirrhinum majus* L. ································································ 101

毛地黄 *Digitalis purpurea* L. ································································ 101

通泉草 *Mazus pumilum* (Burm. f.) Van Steenis ···································· 102

美国凌霄 *Campsis radicans* (L.) Seem. ·················································· 102

细叶水团花 *Adina rubella* Hance ·························································· 103

水栀子 *Gardenia jasminoides* Ellis var. *radicans* (Thunb.) Makino ········ 103

六月雪 *Serissa japonica* (Thunb.) Thunb. ·············································· 104

忍冬 *Lonicera japonica* Thunb. ················································································· 104

绞股蓝 *Gynostemma pentaphyllum* (Thunb.) Makino ································· 105

风铃草 *Campanula medium* L. ······················································································ 105

半边莲 *Lobelia chinensis* Lour. ················································································· 106

千叶蓍 *Achillea millefolium* L. ·················································································· 106

藿香蓟 *Ageratum conyzoides* L. ··············································································· 107

雏菊 *Bellis perennis* L. ··································································································· 107

金盏菊 *Calendula officinalis* L. ················································································· 108

翠菊 *Callistephus chinensis* (L.) Nees ··································································· 108

矢车菊 *Centaurea cyanus* L. ······················································································· 109

大花金鸡菊 *Coreopsis grandiflora* Hogg. ex Sweet ····························· 109

秋英 *Cosmos bipinnatus* Cav. ···················································································· 110

野菊 *Dendranthema indica* (L.) Des Moul. ······················································· 110

大吴风草 *Farfugium japonicum* (L.) Kitamura ·············································· 111

马兰 *Kalimeris indica* (L.) Sch.–Bip. ································································· 111

千里光 *Senecio scandens* Buch.–Ham. ································································· 112

蒲儿根 *Sinosenecio oldhamianus* Maxim. ························································· 112

孔雀草 *Tagetes patula* L. ····························································································· 113

百日菊 *Zinnia elegans* Jacq. ······················································································ 113

蟛蜞菊 *Wedelia trilobata* (L.) Hitchc. ·································································· 114

杜若 *Pollia miranda* (Levl.) Hara ·········································································· 114

紫竹梅 *Setcreasea pallida* Rose ··············································································· 115

紫露草 *Tradescantia ohiensis* (Raf) Raf ···························································· 115

吊竹梅 *Zebrina pendula* Schnizl. ············································································· 116

花叶芦竹 *Arundo donax* L. var. *versicolor* (Mill.) J. Stokes ················· 116

阔叶箬竹 *Indocalamus latifolius* (Keng) McClure ········································ 117

菲白竹 *Pleioblastus angustifolius* (Mitford) Nakai ···································· 117

匍茎剪股颖 *Agrostis stolonifera* L. ········································································ 118

狗牙根 *Cynodon dactylon* (L.) Pers. ······································································ 118

弯叶画眉草 *Eragrostis curvula* (Schrad.) Nees ············································· 119

假俭草 *Eremochloa ophiuroides* (Munro) Hack. ············································ 119

蒲苇 *Cortaderia selloana* (Schul) Aschers. et Graebn. ····························· 120

高羊茅 *Fescue arundinacea* Schreb. ····································································· 120

黑草麦 *Lolium perenne* L. ···························································································· 121

百喜草 *Paspalum notatum* Flugge ·········································································· 121

草地早熟禾 *Poa pratensis* L. ······················································································ 122

香根草 *Vetiveria zizanioides* (L.) Nash ································ 122

沟叶结缕草 *Zoysia matrella* (L.) Merr. ···························· 123

中华结缕草 *Zoysia sinica* Hance ································ 123

伞草 *Cyperus alternifolius* L. ssp. *flabelliformis* (Rottb.) Kukenth. ········ 124

萱草 *Hemerocallis fulva* (L.) L. ······························ 124

玉簪 *Hosta plantaginea* (Lam.) Aschers. ··················· 124

紫萼 *Hosta ventricosa* (Salisb.) Stearn ····················· 125

阔叶山麦冬 *Liriope muscari* (Decne.) Bailey ···················· 125

麦冬 *Ophiopogon japonicus* (L.f.) Ker-Gawl. ·················· 126

吉祥草 *Reineckia carnea* (Andr.) Kunth ······················· 126

万年青 *Rohdea japonica* (Thunb.) Roth ························· 127

绵枣儿 *Scilla scilloides* (Lindl.) Druce ························ 127

白穗花 *Speirantha gardenii* (Hook.) Baill. ····················· 128

蜘蛛兰 *Hymenocallis littoralis* (Jacq.) Salisb. ··················· 128

石蒜 *Lycoris radiata* (L'Her.) Herb. ························· 128

稻草石蒜 *Lycoris straminea* Lindl. ·························· 129

韭莲 *Zephyranthes grandiflora* Lindl. ························· 129

玉帘 *Zephyranthes candida* (Lindl.) Herb. ···················· 130

射干 *Belamcanda chinensis* (L.) DC. ························ 130

蝴蝶花 *Iris japonica* Thunb. ·························· 131

黄菖蒲 *Iris pseudacorus* L. ······························ 131

小花鸢尾 *Iris speculatrix* Hance ····························· 132

鸢尾 *Iris tectorum* Maxim. ······························ 132

大花美人蕉 *Canna generalis* Bailey ························· 133

白芨 *Bletilla striata* (Thunb.) Rchb.f. ······················· 133


附录1 常见地被植物的生态习性及其利用表 ························· 134

附录2 地被植物中名索引 ································ 142

附录3 地被植物拉丁名索引 ······························ 144


参考文献 ······································ 147

致谢 ········································· 148

# 上编　概论

# 一、地被植物的概念

## 1．地被植物的定义

地被植物是指那些植株低矮、枝叶繁茂、枝蔓匍匐、根茎发达、繁殖容易并能迅速覆盖地面的植物群。在地被植物的成员中既有草本、灌木植物，也包括能够攀缘或缠绕它物生长，对附着物起着覆盖作用，并能形成特殊景观的藤本植物。地被植物种类繁多，形态多样，其枝叶、花果美丽，能呈现复杂的季相变化，在园林中起着重要的美化装饰作用；地被植物可以适应各种不同的环境条件，建成诸如毛毡式地被、灌木式地被等不同地被类型，在荫蔽、潮湿的地方可形成荫生或湿生地被，有些种类甚至还可用来建设岩生植物专类园；地被植物不但美丽，而且有较强的保持水土能力，养护比较简单，所以在园林中越来越受到人们的重视。

草坪草也属于地被植物范畴，在城市绿化中常用来建植人工草坪。城市园林中的人工草坪与天然草坪的区别在于：人工草坪一般需要有良好的基质，常年需要比较精细的养护与管理。因此有人认为人工草坪是由草坪草及其赖以生存的基质共同组成的有机体，是由密植在坪床上的矮草经修剪、滚压或反复践踏后形成的平整草地。

## 2．地被植物的特征

### （1）植株低矮，具有良好的匍匐性或可塑性，耐修剪

大多草本地被植物的植株高度不高于25cm，有些种类还呈匍匐生长，如马蹄金。木本地被植物中的有些成员在自然状态下虽然可以长得较高大，但在反复的整形修剪后可以控制在一定高度之内，并具有分枝力强、枝叶稠密的特性。如海桐、小檗和枸骨等，也归于地被植物的范畴。

### （2）花果可供观赏

地被植物不但具有美丽的花果，而且还具有较长的开花期，其繁殖器官的形态多变，色彩纷呈，能形成特殊的景观和复杂的季相变化。如我国南方普遍使用杜鹃类、大花萱草，北方用鸢尾类植物作路旁的缀花地被，有很好的效果。

### （3）延伸迅速

不少地被植物的枝叶呈水平方向生长，覆盖力强，繁殖容易，生长迅速，对环境起着很好的生态保护效果。如美女樱、蛇含委陵菜、连钱草等。

### （4）适应性和抗逆性强，管理粗放

不少地被植物本来就是一些适应性很强的乡土种类，它们耐旱、耐寒、耐水湿，对土壤的要求不严，对光照、温度等条件的要求不严，对环境污染及病虫害抵抗力很强，适宜粗放管理，能适应多种不同的环境条件，并形成当地的优势种类。如紫苏、蛇莓、火炭母等。

### （5）多年生的地被植物具有绿色期长、全年覆盖效果好等特性

一次栽种即可以多年观赏，尤其是常绿多年生地被植物更受到人们的欢迎。如目前在园林中广为应用的常春藤、麦冬、吉祥草、球柏等。

### （6）具有独特的叶形、叶色或季相变化

如过路黄、细叶水团花、佛甲草等叶形、叶色独特；千屈菜的季相变化明显。

有些茎叶密集绿期长的草类还可用来建成草坪。

以上是地被植物的一般特点。值得指出的是并非所有地被植物都完全具备上述诸特点。地被

植物的划分本属于一种人为的分类法，其划分并没有绝对科学和一成不变的标准。一种植物只要具备其中的某些主要特性，能用于园林美化、覆盖地面和改良环境，就算得上是一种较好的地被植物了。我国有相当丰富的植物种质资源，随着地被植物的进一步开发和利用，通过对地被生物学、生态学等方面的研究，相信在不久的将来，会有更多的地被植物资源被选育和开发出来，应用于环境美化当中。

## 3．地被植物的作用

### （1）美化环境，覆盖地面，实现黄土不露天

地被植物覆盖地面，使得黄土不露天是园林绿地的基本目标之一。园林建设中的三个要素：一是绿化；二是景观建设；三是人文建设。园林绿化提倡乔木、灌木、草坪和地被植物三个层次的结合，其中草坪和地被植物是遮盖土壤最为有效的选择。尤其是地被植物种类多、管理简便、覆盖效果显著，能将园林中的乔木、灌木、草花以及其他造景因素调和成色彩纷呈、高低错落的多层立体空间，营造优美多样的植物景观，从而给人以美的享受，并博得人们的广泛喜爱。

### （2）净化环境，是人类健康的保护者

绿色植物吸收二氧化碳，释放氧气，维持大气成分的基本恒定。据测定，一个体重为75kg的成年人每天要消耗氧气0.75kg，若有25m²草坪，即可满足一个人每天呼吸氧的需要。地被植物还能调节温度和湿度。据杭州植物园1978年7月11日13时的测定，在同一时间，杭州西山公园大草坪的相对湿度是66%，温度是32.5℃；而杭州延安路上的相对湿度是63.5%，温度是35℃。草坪上的相对湿度增加了2.5%，温度却下降了2.5℃。可见草坪改善环境质量效果明显。地被植物还能吸收空气中诸如二氧化硫、氯气、硫化氢、氟化氢和氟气等有毒气体，这些有毒气体可以不同程度地被植物叶片所吸收，随后或富集在植物体内或被植物分解，以减轻环境污染。大气中还含有大量不利于人类健康的尘埃，而草坪和地被植物能不断地吸附、过滤和阻滞尘埃，从而使空气得到净化。据测定，草坪足球场近地面的尘埃含量仅为黄土场近地面尘埃含量的1/3～1/6。地被植物还能释放杀菌素，杀灭细菌，净化空气。据报道，在草坪地被上空的细菌含量仅为公共场所细菌含量的十万分之三。此外，地被植物还能降低噪声，吸收强烈日光和紫外光，减轻和消除人们的眼睛疲劳，有利人类的健康。

### （3）防止土壤冲刷，保持水土，改善生态环境

地被植物的密集根系具有良好的固定地表土壤的作用，对雨水起截流作用，还可减少雨水的侵袭，从而大大降低地表径流速度，有效地控制水土流失。尤其在坡地、水库、河岸等地种植地被植物，水土保持效果更加明显。

### （4）地被绿地是人们露天活动和游憩的良好场所

柔软碧绿的草地具有良好的弹性和耐践踏性，不但是人们游憩和露天活动的良好场所，而且给人以赏心悦目的感觉。建造草坪运动场不但比铺设水泥地面或塑胶场地的造价低，而且还能提高运动和竞技的成绩，减少运动员受伤的机会。为了发展体育运动，近代的高尔夫球、现代足球、射击和马球等大型活动的比赛场地大多数建成为草坪运动场。

### （5）地被植物具有一定的经济价值

很多地被植物具有药用、食用的功能，有的可以作为提取香料、纤维、淀粉等的工业原料。所以，在可能情况下还可将地被植物的生态效益和经济效益结合起来。

# 二、地被植物的分类

## 1．按照习性和生态类型分类

### （1）一、二年生草本地被植物

一、二年生草本植物主要取其花开鲜艳，覆盖性强，群植时可形成统一大色块，渲染热烈的节庆气氛。如一串红、金鱼草、诸葛菜、紫茉莉等。

### （2）多年生草本地被植物

多年生草本植物中的不少种类生长低矮，呈宿根性，其花卉色彩鲜艳，形态优雅多姿，管理也比较粗放。常见的种类有葱兰、麦冬、鸢尾、吉祥草、石蒜、紫萼、玉簪、萱草等。

### （3）蕨类地被植物

蕨类植物在我国分布广泛，特别适合在温暖湿润处生长。在草坪草和阳性灌木不能生长的阴湿环境里，很多蕨类植物却生长得十分茂盛，并拥有很大的生物量。常见的蕨类植物有：海金沙、肾蕨、凤尾蕨、石韦和翠云草等。

### （4）藤本地被植物

藤本植物具有悬垂性、攀缘性，并有耐阴的特点，在垂直绿化中有独特的美化功能。常用的藤本植物有常春藤、油麻藤、爬山虎、络石、金银花等。

### （5）矮灌木地被植物

该类灌木植株低矮、分枝众多、枝叶平展，枝叶的形状与色彩富有变化，有些还具有鲜艳果实，且易于修剪造型的特点。如近年在园林中常用的有十大功劳、小叶女贞、金叶女贞、红花檵木、紫叶小檗、杜鹃、八角金盘等。

### （6）矮竹类地被植物

如竹类中的箬竹，其根状茎匍匐生长、叶大、耐阴；花叶芦竹，枝条细长、叶色美丽，作地被使用可以与各种园林元素配置。

### （7）草坪草

这是一类用于建植草坪的草类，按其温度性质的差异，可分为冷季草种和暖季草种两个类型。

## 2．按照供观赏器官的特点分类

地被植物分为：常绿类、色叶类、观花类、观果类。

## 3．按照所适应的生态环境分类

地被植物分为：阳生类、阴生类、湿生类、旱生类等。

## 4．按照植物亲缘关系分类

地被植物包括苔藓植物、蕨类植物、裸子植物、被子植物等类（被子植物当中还可以分为单子叶植物和双子叶植物两类），并可以按一定的分类系统将其不同的科属排列成顺序，表达相互间的亲缘关系，这是一种最科学的分类方法。我国幅员广大，地被植物的种类很多，不同地区可以根据当地特点筛选出大量地方性的地被种类。本书按现有工作基础，从我国习见的观赏地被和具有开发潜力的野生植物中选择有代表性的种类，共编入81个科193个属231个物种（含变型），包括蕨类植物、裸子植物和被子植物三部分。

蕨类植物是高等植物中不开花的类群。现存地球上的蕨类约有上万种，其中大多数为草本，少数为木本，用孢子繁殖。它们一般多分布于温暖、阴湿的林下或溪边，是我国森林植被中草本层的主要组成部分。蕨类植物的生产力强，叶形极富变化，可用来布置阴生植物园和专类园，作为地被植物已受到人们的关注。

裸子植物是一类古老的植物类群。植物体为乔木、灌木、稀木质藤本。现地球上仅存760多种。由于裸子植物的体型高大，能作为地被植物应用的种类不多。

被子植物是植物界最高等的一大类群，现存约20多万种，占植物界的一半以上。被子植物的习性及生活型多样，分布广泛。被子植物形态与结构复杂、完善，特别是花与果实的出现及其变异提供了该植物适应环境的内在条件。所以，被子植物是地被植物的主体。按形态及结构的差异，它又可分为双子叶植物和单子叶植物两大类。在双子叶植物中地被植物较丰富的科有菊科、蔷薇科、豆科等几个科；在单子叶植物中较丰富的科有禾本科、百合科等。本书被子植物部分的科属顺序按恩格勒系统排列。

# 三、园林中常见的地被类型

## 1. 大面积景观地被

这类地被植物往往具有美丽的花朵或果实可供观赏，有较长的开花期，它们与草坪及周围环境协调，适宜在大面积地面形成景观，产生形态多变、色彩纷呈的观赏效果。如果植物配置得当，一年四季都会有鲜花和时令佳果可供观赏。有时也可根据实际情况在小面积中使用。按地被植物所观赏的部位，还可以分为观叶、观花、观果三类。景观地被种类较多，常见的有平枝栒子、常春藤、萱草、忍冬、金丝桃、马缨丹、景天、蔷薇、长春花、玉簪、车轴草、菊属、过路黄、石竹、马鞭草、半边莲、杜鹃花等。

## 2. 耐阴地被

在郁蔽度大的林下以及大型立交桥下，可以选择玉簪、鸢尾属、紫金牛、麦冬、沿阶草、蕨类植物等进行种植。这些植物具有较低的光补偿点，即使较低的光照条件也能满足它们光合作用的要求。

## 3. 步石间的地被

在步石间可种植一些低矮而又耐践踏的植物，如狗牙根、通泉草、沿阶草等。这些植物始终覆盖和生长在步石之间的缝隙中。它们不但具有绿意，而且还有利于地面雨水向地下渗透，对补充城市地下水有着积极的作用。

## 4. 悬垂或蔓生地被

藤本或蔓生植物是城市垂直绿化的良好材料。它们生长旺盛，可用于住宅区的墙垣绿化，立交桥下和斜坡地的绿化等。常用的种类有多花蔷薇、木香、美国凌霄、常春藤、爬山虎、叶子花、紫藤、何首乌等。

# 常 见 的 地 被 类 型

大面积景观地被（上海世纪公园）

景观地被（杭州西湖景区）

景观地被（上海植物园）

耐阴地被（上海人民公园）

步石间的地被（登山步道）

步石间的地被（停车场）

悬垂和蔓生地被（杭州太子湾公园）

防治侵蚀地被（浙江安吉）

垂直绿化地被（浙江绍兴）

立体造型花坛（上海世纪公园）

水生地被（杭州西湖）

观赏草坪（杭州南线景区）

## 5．防治侵蚀地被

本类地被适合在斜坡、河岸等地生长，其根系强劲，扩展力强，能迅速覆盖地面。它们往往是一些乡土杂草，能耐旱耐寒，耐贫瘠，具有很强的防治水土流失作用。如百脉根、紫花苜蓿、白三叶、狗牙根、类芦、野青茅、马棘、金樱子等。

## 6．岩石园地被植物

岩石上土层极薄，生态环境特殊，仅有少数植物能够在岩缝等不良生境中存活。如虎耳草、东南景天、佛甲草、井栏边草、庐山石韦等植物就可用于垂直绿化或用来布置岩石专类园。

## 7．水生地被

本类植物生长在沼泽、湿地，甚至生活在水中。可以用来美化和绿化水面及多水的地面，以净化水体，营造水体景观。如蕺菜、黄菖蒲、细叶水团花、千曲菜、雨久花等等。

## 8．草坪

按照草坪的功能不同可分为：休闲草坪、运动草坪、观赏草坪、疏林草坪和固土护坡草坪等。按草坪的温度性质不同可分为：冷季型草坪和暖季型草坪。按照草坪组成又可分为：纯合草坪、混合草坪和缀花草坪。其中缀花草坪的功能与景观地被有些相近。常见的草坪草主要有羊茅、早熟禾、黑麦草、剪股颖、狗牙根、结缕草、百喜草等禾本科和莎草科种类。

# 四、地被植物的选择原则及其配置

## 1．地被植物的选择原则

近年来，在城市生态园林建设中，人工植物群落成为生态园林的主体结构，大量地被植物在园林中得到了有效、广泛的应用。随着国内外文化交流的发展和人们对野生资源的进一步开发，地被植物的种类越来越丰富，人们对地被植物的选择范围也越来越广。

在选择地被植物时，应首先考虑以下几个原则：

**（1） 优先考虑乡土植物，慎用外来种**

我国生物多样性丰富，生态系统类型复杂。一个国家和地区，总是应该首先发展利用当地的植物资源。但由于我国近年来自然生境和生态系统的退化，在引种工作中出现盲目引进的倾向，致使外来物种的传播机会增大，不少外来入侵种对我国环境的破坏已十分显著。如凤眼莲引入昆明滇池后泛滥成灾，20年来使当地主要水生植物相继消亡殆尽，水生动物种类减少大半。马缨丹是一种有毒植物，在世界热带地区蔓延，大量侵占林场、牧场，成为十大恶性植物之一，在我国南方已成为逸生种。一枝黄花在江浙一带泛滥成灾，侵占农田和铁路沿线绿化带，严重破坏资源和环境生态系统。还有很多外来入侵种的潜在危害目前还没有完全表现出来。外来入侵种让我们付出了沉重代价，应引起人们的深刻思考。

**（2）要适应当地的气候、土壤等条件**

我国地域广大，各地气候差异极大。选择地被植物时应考虑当地气候条件，以适地适种为原则。尤其是从异地引进新的地被植物要考虑该植物的耐热性和耐寒性、当地降水量、地下水位和无霜期等。如变叶木难于适应10℃以下的冬季低温,因此不适合在江浙园林中露地栽培。又如我国南方的土壤以红黄壤为主,土壤呈酸性或微酸性,北方的土壤常呈碱性,红花檵木能适应南方的酸性土壤,却不能适应北方的碱性土壤环境。

### (3) 观赏性和经济价值

环境绿化的主要目的之一是观赏。地被植物在城市园林置景中与乔、灌木搭配,通过对树下裸地的覆盖和对树木的衬托作用,能使群落层次更加清晰分明,景观错落有致。所以种类的选择要简洁,使色彩有层次和季相的变化,从而使人们产生回归自然的联想。有些地被植物有一定的实用性,还可以让它在美化环境的同时产生一定的经济价值(如食用、药用,作染料、淀粉、纤维等工业原料)。

## 2. 地被植物在城市绿化中的配置

地被植物的配置包括地被植物种类之间的相互配合以及地被植物在园林中与树木、草坪、池塘、假山及庭园建筑物等其他因素之间的配合。地被中的草坪是园林的基调,其他地被种类穿插其间,高低错落,可产生不同风格的自然景观。在造景中应考虑植物间的高度、色彩等变化,体现主体鲜明、造型别致的美学原则,既要充分发挥地被植物的造景功能,又要使它与周围景观取得协调。现将地被植物在城市造景中的应用简述如下:

### (1) 地被植物在城市园林造景中的应用

英国女园艺家格特鲁德·杰基尔说过:"种植植物就如同使用具有生命力的植物在地面上描画景观。"城市公园绿地被人们称为"城市的肺脏",对改善城市生态环境,维护城市的生态平衡起着不可替代的作用。生态园林是人类经过漫长的探索才找到的正确的园林发展道路。按照生态园林理论,利用绿廊、绿楔、绿带和节点等营造城市生态中的植物群落已成为当务之急。城市园林有大面积的绿化地,有着多种多样的生境,为了建设层次丰富的群落,可以把草坪作为园林植物配置的基调和主体,以创造开朗柔和的视觉空间和景观效果,然后再让草坪与乔、灌木之间用其他地被植物作自然衔接,平稳过渡,以增强层次感,表达植物群落的成层性特征。如杭州西湖风景区在20世纪50年代就开始在公园里建造大面积的草坪,目前草坪数量已发展到一百多块,镶嵌在各个大小不同的景区之中。草坪周围常用麦冬、吉祥草、葱兰、多花酢浆草、萱草及一二年生花卉和宿根花卉配植,形成缀花草坪景观;阔叶林下采用垂盆草、日本绣线菊、紫萼、紫金牛等配植于平地及缓坡形成缀花草坪;有些景区用石蒜、萱草、鸢尾、山麦冬等多种开花地被植物与自然草坪配置,自然错落,疏密有致,形成高山草甸式的自然景观;在岩石园或假山中配植竹类、景天科和蕨类植物,形成岩石园景观。又如南京植物园中用诸葛菜与紫茉莉轮植,构成林下缀花带;南京的蔓园、上海植物园的月季园等地用薜荔、忍冬、常春藤、凌霄、木香、蔷薇等藤本地被植物来建构崖壁景观或藤蔓、棚架和花廊等景观。各地园林常用草坪和其他地被植物与山石、水体、道路等配置形成独特的园林小景,供人观赏和游乐。园林的主干道和主要景区可以大面积种植大花美人蕉、红花酢浆草、杜鹃、月季、矮牵牛和葱兰等花朵艳丽、色彩丰富的群体,形成美丽的景观。地被植物在公园内可以用花坛、花境、花台、花丛和花群等形式进行种植,产生不同的景观效果。尤其是在街心广场,可通过金盏菊、雏菊、香雪球、矮牵牛、三色堇、万寿菊、一串红、彩叶草、美女樱等不同高度、不同花色的草本花卉进行配植,组成一定的图案、文字或色块,以增强其绿化的立体效果。

利用地被植物还可以建植立体花坛。立体花坛是一种运用一年生或多年生的矮小草本植物或

# 地 被 的 应 用

上海人民广场的地被绿化

杭州西山公园的地被绿化

浙江椒江老年公园的地被绿化

杭州钱江四桥桥堍的地被绿化

杭州机场路的公路绿化

杭州的高速公路绿化

小灌木种植在二维或三维的立体构架上组成的植物艺术造型。它通过各种不同的植物形态、色彩等特性，可以塑造出动物（龙、马、大象等）、构筑物（桥、船、塔、龙门）等不同的吉祥物形象，以体现人类超越自然的美感。立体花坛作品表面的植物覆盖率至少要达到80%以上。通常意义上的修剪、绑扎植物造型不包括在立体花坛的范畴之内。

**（2）地被植物在城市道路绿化中的应用**

道路对城市空间来说既是交通运输的通道，又是人们户外生活的重要场所。道路绿化在景观建造、实用功能和生态效应三方面具有特定的意义和作用。

城市道路绿化反映一个城市的精神面貌和文明程度。城市道路绿化包括人行道绿化、分车带绿化、交通枢纽绿化等类型。这些环境的共同特点是光照充足，适合阳性或半阴性树种生长，可选择较高大的乔灌木绿化树种和地被植物相结合，上层是高大的林荫树，下层是高低不同的地被植物，以形成多层次的道路绿地景观。街头休息绿地旁边或道路绿地可选择花期长，花色鲜艳、耐灰尘的观赏地被。目前使用得较多的地被植物种类有：杜鹃类、红花檵木、金叶女贞、紫叶小檗、绣球、红花酢浆草、微型月季、矮牵牛、沿阶草、火棘、海桐、白三叶、麦冬、葱兰等，并采取遮荫式、隐蔽式、阻隔式、地被式、群落式等栽培形式。使用这些地被植物遮盖地面，不但可改善环境卫生，而且可使道路两侧富有形体美、色彩美。形成的绿色屏障不仅可供人在车上移动观赏，还可以诱导司机的行车视线，预告道路线形变化，以缓解司机行车时的视觉疲劳，提高交通效率，减少交通事故的发生。

高架立交桥的环境条件由于车道相对集中，尾气污染严重，桥下环境十分隐蔽，需选择耐阴性强，抗污染的种类。如江浙一带的城市近年在立交桥的绿化中大量使用大吴风草、八角金盘和一些蕨类等耐阴地被种类已取得成功。桥墩底下的荫蔽处还可种植爬山虎、五叶地锦、常春藤等藤本植物，以平面绿化与垂直绿化相结合。桥体上的绿化宜简洁淡雅，栽培土应使用密度较轻的人工介质，两面布置诸如迎春、云南黄馨等作为装饰，效果较好。

**（3）地被植物在住宅绿化中的应用**

高层住宅是近年来迅速发展的城市景观。但环境受高楼影响，往往光照不均，通风不良。居住地环境建设应以改善和维护小区生态平衡为宗旨，以人与自然共存为目标，为居民创造宁静、优美的环境。居民区绿地是居民主要的户外生活空间，其规划不但直接表现居民区的面貌和特色，还直接影响城市居民生活环境的质量。居住区绿化应包括公共绿地、宅旁绿地、配套公用建筑所属绿地和道路绿地等，应根据居住区的规划大小设置中心公共绿地、居住区小公园、儿童游乐场和其他条块状绿地等。居民住宅区的观花地被植物应选择花冠美丽、香气袭人的种类，如绣球、石竹、鸢尾、栀子花、玉簪、月见草等种类；配置观叶植物时可以选择一些常绿植物或叶形、叶色、花色富有变化的地被种类，如麦冬、金边六月雪、万年青、彩叶草、棣棠、金丝桃、孔雀草、一串红、矮牵牛等。住宅区的绿化地是居民休息和业余活动的场所，所以配景设计尽量要精雕细琢，尽量扩大绿化覆盖率，保持绿视率。还可以使用常春藤、爬山虎、凌霄等藤本植物作垂直绿化，使植物群落更具立体感，层次更加多样化。

屋顶绿化是不占用地面土地的绿化形式，不仅能为住宅区添绿，而且能减少屋顶的辐射热，减弱城市热岛效应，对环境的改善作用不可低估。屋顶绿化的结构层包括隔热层、防水层、排水层、种植层、植物层等。由于屋顶周围空旷，风速大，水分蒸发快；又因屋顶承重能力有限，土壤条件差，给屋顶绿化带来一定困难。所以屋顶种植层可适当采用无土基质；植物的种类要选择抗逆性强、抗污性和吸污性强、耐旱、耐瘠、质地较轻、易栽易养护的种类，如佛甲草、东南景

专属绿地——浙江大学图书馆的绿化

屋顶草坪绿化——浙江舟山市政府

专属绿地——上海博物馆前的绿化

专属绿地——住宅区绿化

专属绿地——宾馆绿化

专属绿地——杭州西子宾馆的绿化

专属绿地——浙江图书馆的绿化

专属绿地——浙江大学的校园绿化

专属绿地——浙江大学的校园绿化

浙江台州市白云山的边坡人工植被

高尔夫球场草坪

天、某些石竹属植物等；避免选用根系穿透力强的植物；为丰富植物种类，可适当采用冬青黄杨、金叶女贞、小檗等构成整齐、艳丽的图案，可以提高屋顶绿化的俯视效果。

**（4）地被植物在专属绿地绿化中的应用**

专属绿地包括学校校园、医院、图书馆、公共建筑庭院和工厂等地域。城市中有很多专属绿地的周边开敞，其景观可以为城市绿化增光，起着城市中绿色补丁的作用。专属绿地的绿化以植物配景为主，其风格往往影响人们的心理感受。以校园绿化为例：我国的校园大多设在城市中心或周边地带，尤其是大学校园的绿化面积很大，对城市景观有很强的影响力。校园绿化可以为师生营造一种优美、宁静、防暑、防寒的学习环境与活动场所，能高度发挥植物净化空气、减少噪声、调节气温的生态效益。校园中可设置花台、花坛、坐椅、凉亭等，使人行道路与小园区绿化紧密结合，形成一些多功能的绿地。有些特殊的区域如办公大楼前面可设置大花坛、草坪或雕塑等装饰，以突出大楼的主导地位；实验楼周围可选择种植吸滞灰尘及抗污染能力强的植物；生活区要考虑庇荫、美化等功能；校园内的活动场地周围要以高大乔木和垂直绿化等方式为主，以适合不同的生活功能。校属医院环境的绿化要使人感到放松和宁静；图书馆等地更要保持幽静。这一切都需要在绿化中通过对园林植物进行艺术性的配置来实现，采用乔、灌、草的合理搭配，以丰富的绿化形式，用不同地被植物的绿化效果增添各种专属绿地的文化内涵。

工厂绿化要考虑对三废的治理，尤其在工厂的生产区，应选择诸如海桐、枸杞、美人蕉、鸡冠花、凤仙花、玉簪、酢浆草等抗污染的地被植物种类，在污染程度较轻的区域才有条件提高植物造景的要求。

**（5）地被植物在边坡治理工程中的应用**

借鉴欧、美都市绿化规划与环境保护的经验，很多地方都开始将受损地、废弃地和污染地的恢复与重建列为城市绿化的重点。边坡是城市环境中的特殊地形，包括道路两旁的坡地、桥梁护坡、公园的人造假山及废弃矿山的坡地等。用绿色植物去覆盖边坡和裸露山体，不但可以防止因水土流失等原因造成的山体滑坡、塌方等地质灾害，还能实现植被恢复、丰富城市园林景观。废弃矿山的坡面往往比较陡峭，常用的做法是首先要进行清坡与削坡，然后采取在陡坡上挂网喷施一定厚度基质的措施，再用喷播种子的方法作自然式的绿化。基质由比例适当的肥料、胶粘剂、保水剂、草纤维、泥炭等组成，以便适合植物生长的需要，这是近年来矿山边坡生物治理的常规做法。坡体绿化还可以采用藤蔓植物或草灌混栽等技术作披垂式、覆盖式的绿化。但由于斜坡或山体立面特殊条件的限制，又因边坡绿化的面积庞大，栽培条件恶劣、严重缺水，所以植物材料的选择更需要考虑一些生长快、适应性强、繁殖容易、管理粗放、耐干旱、耐贫瘠、乡土化等因素。如草坪草中的狗牙根、百喜草、结缕草、高羊茅以及豆科植物白三叶、直立黄芪、紫花苜蓿均能较快形成草坪和草坡，比较适合边坡生长。在斜坡上采取灌草混栽，可以提高植物的护坡能力。适合在边坡生长的灌木类地被植物有：紫穗槐、马棘、胡枝子、多花木兰、杜鹃、黄杨、海桐、迎春、枸杞、多花蔷薇、金樱子等，它们不但适应性强，具有耐旱、耐瘠等特性，而且有较大的冠幅和密集柔软的枝叶，对边坡环境条件的改善及多样性植被的形成和恢复起着积极的作用。生态护坡的原理是：以植物的"深根锚固，浅根加筋，降低孔隙水压，削弱雨水溅蚀，控制边坡径流"。此外，在边坡的某些地形还可采用植生带、鱼鳞坑等施工法，在上面栽种爬山虎、紫藤、络石、常春藤、扶芳藤、凌霄等藤本植物以改善景观和生态小环境，使边坡尽快地和周边植被达到和谐统一。不过，在陡坡绿化中不能一味追求植物高大，尤其在坡度60°～70°以上的地方不宜栽种大乔木，以免造成塌方，影响行人和车辆的安全。如2005年四川永川片区的铁路边坡上曾有400棵大树同时被大风刮倒在铁轨上；江津地区也有高大的行道树被狂风连根拔起，重创高压线网，导致成渝铁路中断五小时的事故发生。

公园假山的绿化条件与边坡治理及陡坡的绿化有些相近，但尤其需要考虑和周边环境的协调，才能达到预期的绿化效果。

# 五、地被植物的种植

本书以大面积景观地被的建植为例，对地被植物的种植作一简要介绍。大面积景观地被是把草坪作为园林的主要绿地，然后将园林树木和花卉配置在草坪上来加强草坪的主景气氛和效果的地被类型。在这里，草坪作为园林的底色，其他地被植物起着承上启下的作用，把园林中的乔木、灌木、草花、山石、水体、亭台楼阁统一协调起来，成为色彩纷呈的优美画面。

## 1．土地平整

要建造高质量的景观地被，必须按照景观对地形、地貌的要求进行设计和地形处理。良好的场地设计是一门高深的学问，应结合考虑各种因素，建树独特的风格。此外，还要进行土壤改良和做好排灌系统。 土地平整前先要清除土中的建筑垃圾和杂草，然后再整地、施肥及翻耕，土层不够的地块要加入有一定肥力的客土，土层厚度必须达到20 cm以上方能满足地被植物生长的需要。地被植物对土壤的要求一般不高，普通沙、黏土比例基本合适的田园土均可使用。对于沙质土，可施适量有机肥加以改良；黏性太重的土壤可加入适量的河沙或煤灰渣。在种植地被植物之前要将土壤的pH值调整到微酸性至中性为宜。新建房屋宅地周围常有大量石灰渣及水泥块等建筑垃圾，碱性过大，必须设法清除；江南各地，常在田园土中混入适量山泥（红黄壤）以增加土壤酸性。平整土地通常需深耕20～25cm，土质差的可深耕至30cm以下。园林绿地、庭园、宅地的种植要求较高，基肥要施得足。如草本地被植物的施肥量以每平方米施用含氮、磷、钾（10：10：10）的混合缓释肥料100～200g为宜，木本地被植物的需肥量可适当减少。基肥要混入10 cm深的土中，以免肥料流失。

景观地被的面积一般较大，考虑到地坪积水对一些地被植物的生长存在不良影响，所以在土地平整前必须考虑供排水设施的改造。地坪排水的方法主要有地表排水法和心土排水法。地表排水法在近年应用较广泛，要求草坪的高度按低于人行道2～5cm的标准平整，以便让草坪上多余的水分能通过草坪边缘的排水沟排走。整个景观地被的中部要略高于四周，以防积水。如该地被距建筑物较近，那就要从建筑物开始，按每3米距离将地势下降6～10cm左右的坡度向外倾斜，直到草坪或景观的边缘。草坪地面的高度要低于屋基3cm左右，以免草坪积水倒流入室。当然，地形也不能修得太陡，否则既不便于剪草，也不利保留水分而造成土壤干旱。心土排水是大面积景观地面的常用排水方法。该法常使用专门的排水管或挖掘成一定的基槽，用砖石做成盲沟，按照不同形状排除地心土积水和地表渗透水。常见的排水设施有鱼骨形、梳齿形和扇形等数种。自然式草坪的地形要有自然起伏，规划式草坪则要求土地平整。不论哪一种景观地被，均要求地下水位在1m以下，否则会不利草坪的生长。草坪的灌溉系统可以安装一套先进的自动灌溉系统，灌溉系统包括中水或河水水源、输水管道和喷水设施等，以便按时、定量地为草坪及地被植物浇水。

大多数草坪草种不能耐受荫蔽的环境，为使草坪能吸收到充足的日光，在土地平整时要结合坡度、朝向和植物配置等因素进行综合考虑，以便为它们创造合适的生长条件。

## 2．草坪的种植和施工

采用种子直播法是最常见的办法，也可以用分株、分根、扦插、分鳞茎法等营养繁殖法，较少采用育苗移植法。

播种繁殖时所使用的商品种子必须符合质量检验标准。适时播种对种子的萌发有利。草坪最适宜的播种期常因草种不同而异。如暖季型草种结缕草、狗牙根应在春季气温转暖后的春末至夏季播种，而冷季型草种黑麦草等则在秋季气温转凉后或春季进行播种。播种前要做发芽试验，以确定适当的播种量：种子用量多了不但造成浪费，还会影响长势和分蘖，而且间苗麻烦；播得太少又会造成缺苗，影响景观效果，杂草也容易侵入其中。对发芽困难的种子，要进行特定的催芽处理，如用0.5%的氢氧化钠溶液或1%的石灰水溶液浸泡种子，24小时后用清水洗净再播，有利于出芽整齐。此外还可采用冷水浸种、机械处理、层积催芽、堆放催芽、高温催芽等方法提高种子的发芽率。播种后的覆土厚度一般是种子大小的2～3倍。种子籽粒小的更不能覆土太深，以免影响发芽。播种后采用地膜覆盖可以调节地温，有利种子发芽。有时为了使草种适应与原产地差异较大的环境条件，可以采取混播法。如江南地区可用狗牙根和结缕草作为主要草种，用10%黑麦草种子作保护草种进行混播。保护草种一般发芽迅速，对生长缓慢或柔弱的草种具有蔽荫和保护作用，并可抑制杂草生长、加速草坪的形成并可延长草坪草的寿命。播后管理中的灌溉以少灌多次为好。原则上说：在播种后种子充分生根前要经常浇水，以保证草苗的前期生长；等到草坪草的第一片真叶展开后就要进行蹲苗，适度减少水分，以促进幼苗扎根，抑制茎叶徒长，调节根冠比。

此外也可以用草坪草的营养繁殖法如播茎法及铺设法建植草坪。播茎法是用一些草的匍匐茎进行繁殖。铺设法是将草皮切成一定形状进行建植新草坪的方法，按铺设形状不同可分为间铺法、条铺法、点铺法和地毯式草坪铺设法等。建好草坪是景观地被建设的一项基础工作，然后再根据景观地被的设计要求移栽其他植物。

## 3．草坪上其他地被植物的配植

在草坪上配植其他地被植物的目的是增强观赏植物的群体效果。配植时要做到合理搭配、适当密植，尽量使这些配植的种类能在2～5个月内基本覆盖地面。如果需要它们更快地覆盖地面，也可将一些木本的地被种类适当密植，以取得前期的观赏效果，等这些木本植物长到一定高度后再适当疏苗，以平衡长势；还可以根据景观设计进行群体栽植，以便更快地产生效果。地被植物常使用乡土植物，以利粗放式的管理。地被植物的种植技术与其他园林植物种植方法基本相同。现将其几种主要繁殖方法简述如下：

### (1) 自播法

诸葛菜、紫茉莉等地被植物具有较强的自播能力，可以任其种子成熟落地，自然萌发生长成新植株。虞美人、牵牛等草花幼苗的主根发达不耐移栽，尤宜采用这种自播法和直接播种法。自播的优点是省时省工，但物种间的竞争也十分激烈，容易形成绿化带内植物生长的无序状态。如诸葛菜的自播能力很强，很容易形成种群优势，然后侵占周围绿地，抑制其他种群生长。

### (2) 人工播种

人工播种的优点是成苗量大，出苗整齐、迅速，易于扩大栽培面积。目前北京、上海、杭州等地常在公园及公路旁撒播大花金鸡菊种子。播种前需细致整地，应严格控制播种量。播种后要适当多浇水，以保持土壤湿润，直至出苗。一般植物在幼苗前期生长缓慢，怕旱，尤其要保持土壤湿润。幼苗后期要适当减少水分，进行练苗，并及时进行间苗、除草，并适当追施磷、钾肥，以防徒长。

### （3）营养繁殖法

本法利用植物的营养器官进行繁殖，包括扦插法、分根法、分植鳞茎法、压条法等。例如多花蔷薇、木香等的繁殖常用扦插法，沿阶草、萱草、吉祥草、万年青等的繁殖常用分株或分根法，葱兰、石蒜、白芨等的繁殖常用分植鳞茎法。百合、石蒜等植物的鳞茎需要深栽的，可以提前在土地平整时栽入鳞茎。凌霄、爬山虎、络石、常春藤等藤本植物的繁殖也常采用压条法或扦插法。

## 4．地被植物的养护及管理

### （1）灌溉浇水

地被植物的管理粗放，多数地方只要依靠自然降水就能满足植物对水分的要求。多数阳性地被植物都有一定的抗旱性，除特别干旱的季节外，一般可不必浇水。荫生的地被植物，一般需要经常性地进行喷雾和灌溉，以增加土壤和空气的湿度。有时也可根据不同的地被类型、环境条件和建植目的采取不同的滴灌方式。南方多雨，对不耐水涝的种类，还要及时排水。

### （2）增加土壤肥力

地被植物生长期内，应根据植物生长发育需要，及时补充肥力。园林绿地、庭园、宅地的地被种植和一些观花地被的种植要求较高，除了要求较厚的土层之外（土层厚度需要达到30cm，最低不少于20cm），种植土内要用较多的有机肥料作基肥。生长期内可常用喷施法追施肥料，施肥以稀薄的无机肥为主，可少施多次。有时亦可在早春、秋末或植物休眠期前后追施越冬肥，可因地制宜，充分利用堆肥、饼肥、河泥及其他有机肥源。一般来说：草本地被植物对肥料的需求量较大，木本的地被植物用肥量可以酌减。

### （3）地被植物的修剪

修剪是草坪养护管理的必要措施之一。草坪修剪一般使用机动剪草机。剪草前要将有碍剪草的石块、树枝等杂物清理干净，剪草时的留茬量一般保持在植株的2/3左右。剪下的草叶要及时运走，以免影响观赏。其他地被植物以粗放管理为主，不一定要经常修剪。但观花的地被植物在花后应适当进行整枝修剪，去掉残枝败叶。木本地被植物如黄杨、枸骨、海桐、金叶女贞等在幼龄期即需修剪整形；以后还要通过反复的修剪，以控制其造型和生长高度。一般每年按生长情况、景观效果和栽培要求对这些木本地被植物修剪1~2次。修剪的时间是：落叶植物可安排在秋冬季，常绿植物可安排在早春季节。

### （4）除草和防治病虫害

当观赏地被上出现的杂草超过一定数量影响观赏时就应该及时除草。除草不但有利于目的地被植物的生长，还可以防治病虫害的发生。除草可用人工挑除法，也可使用化学除草剂。很多园林植物对不同除草剂的反应各异，因此需选用选择性强的除草剂。使用化学除草剂前要认真做好试验，以免对目的地被植物造成不应有的药害或造成环境污染。

多数地被植物具有较强的抗病虫能力。对于病虫害应采取"以防为主、以治为辅"的原则。在大面积地被植物栽植时，容易发生立枯病，会使成片的植物枯萎。可采用喷药措施防治，以免扩大蔓延。其次是灰霉病、褐斑病、叶斑病和最易发生的蚜虫、介壳虫、红蜘蛛等虫害。平时要加强植保管理，一旦发生虫情应及时喷药。

### （5）防止水土流失

栽植地的土壤要保持疏松、肥沃和排水良好，要防止水土流失。每年的雨季及暴雨之后要检查有无严重的水土流失现象，并作相应的补救。

### （6）更新复壮

地被植物的养护管理，一般是一次栽种，多年欣赏。在栽种较长时间后，常常会出现部分植物长势衰退的情况。这时应对衰退的植株进行更换或复壮、更新处理。木本地被植物的更新常采用强剪枝条的方法，以促使其茎基、根颈或主根上的不定芽萌发，长出的新枝可以使植株恢复长势。对草本地被植物则采用无性繁殖法。如园林中每年春天将菊花重新进行扦插就是应用这一原理。宿根或球根花卉也须隔几年进行一次更新，更新时将植株重新翻种一遍，去掉衰老的根系和繁多的子球，重新整地、施肥，更换部分客土，选取壮实的种球并适当调节生长密度，重新栽种，让植株恢复生机。

### （7）地被植物的调整和更换

地被植物的栽培期和观赏期虽然较长，但在栽植后也需要从观赏和覆盖效果出发，进行适当的调整与更换。如对观赏地被建立合理的轮作制度，定期更换地被植物种类，能不同程度提高土地利用率，延长观赏期，有效防治病虫害的发生。必要时也应将生长不良的地被植株进行更换或重新栽种。换下的残株和病枝应集中深埋或烧毁。城市的节日用花要及时更换一些花色清新、醒目的种类，及时除掉残花败叶，以营造节日气氛。此外，每年秋冬，对茎叶枯黄的花卉应及时进行清理或割除，换种越年生的地被种类植物，以补冬季观赏植物的不足。木本花卉也可以根据观赏需要作必要的更换，能够有效地减少病虫害的发生。

# 六、地被植物在园林中的应用现状与展望

根据史料记载，我国在园林中建植草坪和应用地被植物方面的历史要比国外早得多。然而，由于政治、经济、文化和历史等多种因素的制约，国外地被植物在园林中的应用比我们广泛，并形成自己的风格；而我国在地被植物应用方面却出现了徘徊。20世纪80年代之后花卉业开始飞速发展，但由于近年来的生态环境进一步恶化，物种多样性才引起人们的高度关注，人们在园林绿化中更注重乔、灌、草的结合，地被植物在城市环境中的应用方兴未艾，缀花草坪、疏林草地深受人们的欢迎。在城市园林绿化建设中，地被植物的新种类，诸如红花檵木、金叶女贞、紫三角叶酢浆草、紫叶小檗、大花萱草、重瓣玉簪、醉鱼草等相继在园林中出现，从而充分展示三维空间植物景观的丰富多彩，也更大限度地发挥了城市绿地的生态效益。

但目前在园林绿化和地被植物的应用方面还存在不少问题，主要体现在以下几个方面。

### （1）野生地被植物资源的开发

我国有丰富的地被资源，但很多地被植物的种质资源还处于自生自灭状态，有些优良的种质资源甚至还处于濒危状态，亟待采用现代生物学手段对它们进行积极的保护。资源的开发要以形成产品为目的，要建立科研、生产、销售一条龙的体系；对新培育的品种和种类应采取积极的保护措施，让科研成果迅速、有效地转化成商品。要防止由于人为的盲目采挖使资源造成破坏和流失。珍稀濒危的资源更应采取积极的保护措施。目前在这些方面还存在不少问题。

**（2）有关园林管理理念**

我国园林绿化曾有过重栽树轻种草的倾向，后来有些城市又一度走向砍树种草的极端。这种错误思想指导，使城市绿化走了不少弯路，付出了沉重的代价。审视这段历史，接受以往的教训，用科学的生态学理念管理园林，重视地被植物在生态园林中的作用是一种大进步。我国是园林大国，我国古代劳动人民在造园方面留下了很多宝贵的经验，形成宝贵的园林文化，在中国古代园林中不乏应用地被植物的优秀范例。这方面，科学家钱学森曾给以高度的评价。应该以中国园林的理念指导园林绿化和大地植被，不要再热衷于搞一些千城一面、没有地方特色的绿化作品了。

**（3）关于地被植物种子的产业化**

我国有丰富的草坪和地被植物资源，但很多草种至今还是靠进口供应；其他地被植物的种子靠进口的也占了不少比例。其中一个原因就是育种技术和防退化技术赶不上国外。目前，不少地被植物还处于野生状态，采集野生植物的种子往往没有严格的质量标准，常常会有一些低质量的陈年种子和劣质种子在市场上流通。所以极需制订一套适合我国国情的质量标准和市场规范，使地被植物的种子贸易（包括草籽贸易）走上健康发展的道路，以保证地被植物种子的正常流通及开发利用。

**（4）地被植物的养护管理**

目前，在绿地建设中地被植物的应用往往只搞"色块种植"这种单一的应用形式，单一品种的小株密植带来的后果是使植物缺乏个体空间，土地面积和营养总和有限导致地被植物的阳光不足和营养不良，引起病虫害的频繁发生。此外，目前园林中对色块种植的木本地被植物往往只采用整齐划一的平剪修剪法，严重违背植物花芽分化和生长的自然规律，致使当前绿化带中很多种植物的开花不繁。这说明：地被植物栽培设计以及养护管理的水平都有待进一步的研究和提高。

**（5）加强地被植物方面的科学研究**

目前我国在地被植物新园艺品种的选育、乡土种类的开发、专用农药和化肥的研制、园林机械和相关设备的研究方面尚处于较初级的阶段，需加强相关方面的开发研究；迫切要求园林工作者对一些地被植物的物种开展单物种研究、近缘种的比较研究、有关种的配置研究、根系生物学的研究及抗旱性的研究等。只有加强地被植物的科学研究，才能真正提高我国的园林水平。这是新世纪园林学科发展对我们园林工作者的新要求。

# 下编　各论

图1 翠云草

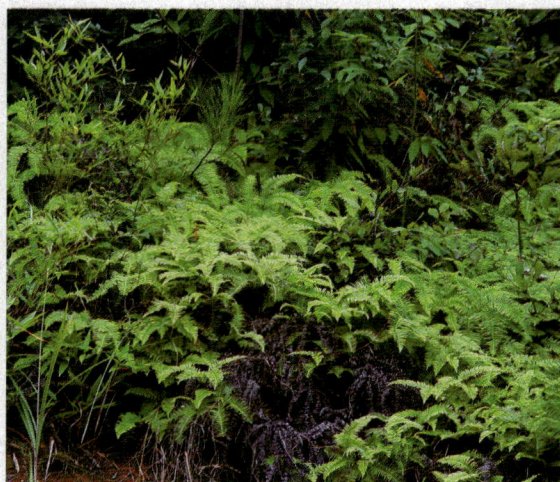

图2 芒萁

**翠云草** *Selaginella uncinata* (Desv.) Spring

[别名] 蓝地柏。

[科属] 卷柏科，卷柏属。

[形态特征] 主茎伏地蔓生，禾秆色，有纵棱，多分枝，分枝处具根托。主茎上的叶卵形，二列，同型；分枝上的叶二型，背腹各二列；腹叶平展，长圆形或卵状长圆形，中叶长卵形，薄草质，有蓝绿、淡绿和红褐等色；孢子囊穗四棱形，长于小枝顶端；孢子囊卵形。孢子二型。

[分布] 分布于我国浙江、福建、台湾、广东、广西、贵州、云南、四川和湖南等地。

[生态习性] 生于山地丘陵之林下潮湿的岩石或土面上。

[繁殖] 孢子繁殖或分株繁殖。

[用途] 翠云草的叶密生，有蓝绿荧光，清雅秀丽，别有情趣，是阴湿坡面的一种理想观赏地被，也可作盆栽欣赏或作花卉的观赏覆盖物。全草还可入药。

**芒萁** *Dicranopteris pendata* (Houtt.) Nakaike

[别名] 铁狼萁、狼萁。

[科属] 里白科，芒萁属。

[形态特征] 植株直立或蔓生。根状茎横走。叶疏生，纸质，幼时沿羽轴及叶脉有锈黄色毛，老时脱落；叶柄长，叶轴一至二回或多回分叉，各回分叉的腋间有一密被绒毛的休眠芽，其基部两侧有一对羽状深裂的阔披针形羽片；末回羽片披针形，篦齿状羽裂几达羽轴；裂片条状披针形。孢子囊群着生于每组侧脉上侧小脉的中部，在主脉两侧各排成一行。

[分布] 广布于我国长江以南各省区。日本、越南、印度也有。

[生态习性] 生于强酸性土的丘陵荒坡或林下。

[繁殖] 孢子繁殖或分株繁殖。

[用途] 是大地绿化和水土保持的好材料，是酸性土壤的指示植物，也可作干叶欣赏，全草还可入药。

海金沙 *Lygodium japonicum* (Thunb.) Sw.

[别名] 蛤蟆藤、铁线藤、罗网藤。

[科属] 海金沙科，海金沙属。

[形态特征] 多年生草本攀缘植物，叶轴长度可达1～5m。叶的羽片生于叶轴上的短枝两侧，叶纸质；营养叶羽片尖三角形，二回羽状复叶，边缘有不整齐的圆钝齿；孢子叶的羽片卵状三角形，裂片边缘具稀疏排列的、暗褐色的流苏状孢子囊穗。

[分布] 广布于热带至亚热带，喜温暖潮湿气候，在我国秦岭南坡以南及长江流域以南各省区均有分布。日本、朝鲜、东南亚及澳大利亚也有。

[生态习性] 常生于溪边、路旁、灌丛及林下。

[繁殖] 常用孢子繁殖。

[用途] 枝蔓纤细伸长，叶色浓绿，姿态清雅，是大地绿化的常见材料。全草还可药用。


蕨 *Pteridium aquilinum* (L.) Kuhn var. *latiusculum* (Desv.) Underw.

[科属] 蕨科，蕨属。

[形态特征] 根状茎长而横走，有黑褐色茸毛。叶远生，近革质；叶片阔三角形或矩圆三角形，长度可达lm，三回羽状或四回羽裂；末回小羽片或裂片矩圆形，圆钝头，全缘或下部的有1～3对浅裂片或呈浅波状圆齿。侧脉二叉。孢子囊群沿叶缘分布；囊群盖条形，叶缘反折成为假盖。

[分布] 广布全国各地；世界上其他热带、亚热带和温带地区也有。

[生态习性] 适应性很强，生于各地荒山、林缘及丘陵荒坡向阳地。

[繁殖] 以根状茎进行营养繁殖为主。

[用途] 蕨的生命力很强，是大地绿化和水土保持的好材料，可以在边坡上应用。嫩叶可食；根状茎可提蕨粉。入药有驱风湿、利尿解热之效。

图3 海金沙

图4 蕨

## 井栏边草 *Pteris multifida* Poir.

[别名] 凤尾草、凤尾蕨。

[科属] 凤尾蕨科，凤尾蕨属。

[形态特征] 根状茎直立，具鳞片。叶簇生，二型，革质；叶柄禾秆色；能育叶长卵形，一回羽状，基部一对有柄，其他各对的基部下延，叶轴两侧有狭翅；羽片或小羽片条形，顶部渐尖，边缘有细锯齿；不育叶的小羽片较宽，边缘有不整齐的尖锯齿。孢子囊群沿叶片边缘连续分布。

[分布] 广布于我国长江以南各省区。朝鲜、日本、越南、菲律宾也有。

[生态习性] 喜温暖阴湿环境；生于墙缝、井边和阴湿的石灰岩上。喜钙质土壤。

[繁殖] 可采用分株法，也可以用孢子繁殖。

[用途] 是良好的观叶植物，适宜于在阴湿环境栽培，可作庭园或绿化地被物栽培。药用也可。

## 延羽卵果蕨 *Phegopteris decursive-pinnata* (Van Hall) Fe′e

[科属] 金星蕨科，卵果蕨属。

[形态特征] 根状茎短而直立，上有具缘毛的卵状鳞片。叶簇生；叶柄禾秆色，基部疏被小鳞片，叶脉有疏毛；叶片披针形或椭圆状披针形，先端渐尖并具一回至二回羽裂，羽裂互生，狭披针形，基部以耳状或三角状的翅相连。孢子囊群近圆形，无盖。

[分布] 在我国长江以南各省区常见分布。日本和朝鲜也有。

[生态习性] 喜温暖、潮湿、背阴的环境。生于平原、丘陵的河沟两岸或路旁。冬季叶片枯死。

[繁殖] 一般为孢子繁殖。本种的分蘖性强，也可用分根法繁殖。

[用途] 可在绿化带内外作地被栽种，本种的叶形、叶色俱美，也可作切叶观赏。全草入药，有清热解毒、消肿利尿的功能。

## 胎生狗脊 *Woodwardia prolifera* Hook. et Arn.

[科属] 乌毛蕨科，狗脊蕨属。

[形态特征] 根状茎粗短，斜生，密被红棕色、卵状披针形鳞片。叶近簇生，有深禾秆色长柄；叶片卵状长圆形，二回羽状深裂，羽片互生，披针形，斜向上；叶片厚纸质，两面无毛；上面常生出很多小芽孢，芽孢能长成一片有柄、匙状的幼叶，脱离母体后能继续生长。

图 5　井栏边草

图 6　延羽卵果蕨

图7　胎生狗脊

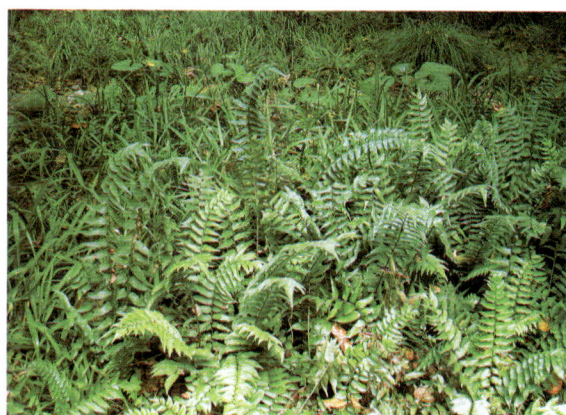

图8　贯众

[分布] 分布于我国浙江、江西、福建、台湾及两广等地。日本也有。

[生态习性] 喜光、喜湿，喜温暖气候；常生于低海拔的山地丘陵区的溪边或潮湿山坡。

[繁殖] 常用特殊的胎生法繁殖,营养繁殖也可。

[用途] 是一种很有开发前景的中亚热带园林绿化地被植物,也可用于盆栽。繁殖方法独特，可作为科普试验材料。

图9　肾蕨

## 贯众　*Cyrtomium fortunei* J．Sm．

[别名] 贯节、百头、黑狗脊。

[科属] 鳞毛蕨科，贯众属。

[形态特征] 根状茎粗壮，直立或斜生，密生阔卵形或披针形的深褐色鳞片。叶簇生，叶柄禾秆色，密被大鳞片；叶片长圆状披针形或披针形，坚草质，一回羽状，羽片互生或近对生，有短柄。孢子囊群圆形，着生于内藏小脉顶端或中部；囊群盖大，圆盾形，全缘。

[分布] 原产东亚，在我国华北、西北和长江流域以南各地有分布。日本和朝鲜也有。

[生态习性] 喜温暖阴湿环境气候，常生于山地丘陵、石灰岩缝、林下和溪边等地。

[繁殖] 用分株或自生苗繁殖。

[用途] 株形开张，叶色浓绿，可作庭园中阴湿环境的观赏地被，也可盆栽作室内绿化或切花观赏。药用也可。

## 肾蕨　*Nephrolepis auriculata* (L．) Triman

[别名] 蜈蚣草。

[科属] 肾蕨科，肾蕨属。

[形态特征] 多年生草本植物。根状茎短而直立，具长钻形鳞片。地下有横走的匍匐茎，上有侧枝与圆块茎。叶簇生，草质，叶柄基部具线形鳞片；叶片狭披针形，一回羽状，羽片多数，互

图 10 盾蕨

图 11 庐山石韦

生，无柄。孢子囊群着生于每组侧脉上侧的小脉顶端；囊群盖肾形，长于叶背。

[分布] 广布于热带和亚热带，生于低山丘陵的向阳生境或林下。

[生态习性] 喜温暖湿润气候，喜半阴，忌阳光直射，不耐严寒。

[繁殖] 分株繁殖，用自生苗繁殖也可。

[用途] 叶片四季常青，是优良的盆栽观叶蕨。南方可以作庭园地被，作切叶观赏也可。

## 盾蕨 *Neolepisorus ovatus* (Bedd.) Ching

[科属] 水龙骨科，盾蕨属。

[形态特征] 根状茎横走，密生褐色鳞片。叶远生，厚纸质，下面有少量具粗齿的小鳞片；有长叶柄，叶柄上有鳞片；叶片卵状披针形至卵状矩圆形，渐尖头，基部圆形至圆楔形，略下延于叶柄，全缘。侧脉明显。孢子囊群大，圆形，在侧脉两旁排成不整齐的1～2行。

[分布] 分布于我国长江以南各省区。中南半岛和印度也有。

[生态习性] 喜温暖潮湿的环境，常生于海拔600～2100m的林下。

[繁殖] 用分株或孢子繁殖。

[用途] 是极好的盆栽观赏蕨，也可在阴湿的园林中作地被植物。全草还可以入药。

## 庐山石韦 *Pyrrosia sheareri* (Bak.) Ching

[别名] 大石韦、光板石韦

[科属] 水龙骨科，石韦属。

[形态特征] 根状茎粗壮，横走，密生披针形、黄棕色有缘毛的鳞片。叶簇生或近生，一型，叶柄深禾秆色，基部密被鳞片，并有关节与根状茎相连；叶片披针形，基部近圆形至不对称的圆耳形，厚革质，下面密被星状毛。孢子囊群小，圆形，密布于整个叶背。

[分布] 在长江流域以南各省常有分布。

[生态习性] 喜温暖潮湿的环境，常生于海拔450～1500m的林下岩上或树干上。

[繁殖] 用分株或孢子繁殖。

[用途] 是一种附生蕨类，具有很高的观赏价值。可用来布置岩石园。全草药用，有清热、利尿、通淋之效。

## 槲蕨 *Drynaria fortunei* (Kze.) J. Sm.

[俗名] 石岩姜、岩连姜、猴姜。

[科属] 槲蕨科，槲蕨属。

[形态特征] 株高25～40cm。根状茎肉质，粗肥，密生钻状披针形的鳞片。叶二型；不育叶灰棕色，革质，卵形，无柄，边缘浅裂；能育叶纸质，无毛，长椭圆形，向基部变狭而呈波状，下延成有翅的短柄，中部以上深羽裂，裂片互生，叶缘网状。孢子囊群圆形，在主脉两侧各有2～3行，无囊群盖。

[分布] 分布于我国长江以南各省区。日本、越南及老挝也有。

[生态习性] 附生于低山丘陵的岩石或树干上。

[繁殖] 用分株或孢子繁殖。

[用途] 是极好的附生观赏蕨。秋冬最美。也可制成贴壁观赏的盆景。根状茎可作骨碎补入药，有补肾坚骨、活血止痛，治跌打损伤、腰膝酸痛的功效。

## 金叶千头柏 *Platycladus orientalis* (L.) Franco 'Semperaurea'

[别名] 金黄球柏。

[科属] 柏科，侧柏属。

[形态特征] 常绿灌木。枝丛生，无明显主干，枝条向上伸展或斜展；树冠近球形。叶全为鳞形，交互对生。雌雄同株。雄球花卵球形，黄色，生于枝条顶端；雌球花近球形，绿色。球果卵球形，肉质，绿色；熟后木质，开裂，呈红褐色。

[分布] 在长江流域的园林中常见栽培。

[生态习性] 喜光、喜温暖湿润气候，较耐寒，对多湿和干旱也有一定耐性；要求排水良好而深厚的土壤，但对土质的选择不严。花期3～4月，果10～11月成熟。

[繁殖] 常用播种繁殖，扦插也可。

[用途] 本种树冠近球形，嫩叶金黄色，是一种观赏价值颇高的矮形灌木，园林中往往通过修剪使植株矮化。作绿篱、地被或观赏园景树均可。

图12 槲蕨

图13 金叶千头柏

图 14 球柏

图 15 铺地柏

**球柏** *Sabina chinensis* (L.) Ant.'Globosa'

[科属] 柏科，柏属。

[形态特征] 常绿灌木，枝密生，丛生，树冠近圆球形，也可以修剪成平铺状。叶大多为鳞形叶，间有刺叶；鳞形叶排列紧密，交互对生，叶背中间有腺体；刺叶3枚轮生或对生。雌雄异体。球果球形。

[分布] 华北或长江流域各地园林常见栽培。

[生态习性] 喜光，耐半阴，极耐寒，耐瘠薄，忌水湿。对大气污染有较强抗性。

[繁殖] 常用扦插法繁殖，播种也可。

[用途] 本种四季常青，枝叶密集葱郁，萌发力强，又耐修剪，是一种用途极广的木本地被植物。

**铺地柏** *Sabina procumbens* (Endl.) Iwata et Kusaka

[别名] 匍匐柏、爬地龙柏。

[科属] 柏科，柏属。

[形态特征] 匍地灌木。枝条沿地面扩展，褐色，密生小枝。刺状叶3枚轮生，线状披针形，先端有锐尖头，上面凹，有2条气孔带，下面凸起，蓝绿色。球果近球形，熟时蓝黑色，被白粉，内有种子2～3粒，种子有棱脊。

[分布] 原产日本，我国各地均有栽培。

[生态习性] 喜光、耐寒、较耐干旱，对土壤适应性强。在阳光充足、土壤肥沃处生长时鳞叶增多，反之则刺叶较多。

[繁殖] 枝条能贴地生根，常用扦插法繁殖。

[用途] 是一种寿命长、覆盖效果好的木本地被植物，适于种植在草坪边角、坡地和台阶处。在光照强的地方使用效果尤佳。

**沙地柏** *Sabina vulgaris* Ant.

[别名] 叉子圆柏、新疆圆柏、臭柏、爬柏、双子柏。

[科属] 柏科，圆柏属。

[形态特征] 常绿低矮匍匐灌木。枝密集，小枝及叶有臭味。幼龄枝上常为刺叶，排列紧密，向上斜伸不开展；壮龄树上多为相互紧覆的鳞叶。球果生于较长而垂曲的小枝顶端，倒卵状球形

或近球形，稍有白粉，熟时暗紫色或蓝紫色，内有种子1～5粒。

[分布] 产于我国新疆、青海、宁夏、甘肃、内蒙古及陕西北部。蒙古和欧洲也有。

[生态习性] 耐寒，耐干旱，亦能耐一定的庇荫。多生于高山沙地、干旱荒山或林下。

[繁殖] 用播种或扦插法繁殖。

[用途] 是西北地区很好的水土保持或固沙造林树种，近年来在园林中使用较多。枝叶内含挥发油，可供药用。

## 蕺菜 *Houttuynia cordata* Thunb.

[别名] 鱼腥草。

[科属] 三白草科，蕺草属。

[形态特征] 多年生草本。植株有腥味。茎基部伏地生根，茎上部直立；叶互生，心脏形或宽卵形，叶脉5出，有腺点。穗状花序，生于枝条上部，与叶片对生，花序基部有4片花瓣状的白色苞片；花极小，两性，无花被。蒴果顶端开裂。

[分布] 分布于日本、爪哇、尼泊尔等地。我国长江流域以南比较常见。

[生态习性] 性喜半阴，常分布于湿润地带，是我国南方常见的观叶地被。花果期5～8月。

[繁殖] 繁殖用扦插法或分株法，很少用种子繁殖。

[用途] 园艺上有花叶变种，叶面夹杂金黄色斑块，叶片中间绿色，有些边缘带红紫色，尤其美丽。全草还可以药用。

## 薜荔 *Ficus pumila* L.

[别名] 水馒头、木莲、凉粉树。

[科属] 桑科，榕属。

[形态特征] 常绿木质藤本。幼时以不定根攀缘于墙壁、岩石或树上。叶二型，在营养枝上的叶小而薄，心状卵形；果枝上的叶较大，近革质，卵状椭圆形，网脉向下凸起呈蜂窝状。隐头花序具短枝，单生于叶腋，梨形，具短梗；雄花和雌花不在同一花序中。虫媒传粉。

[分布] 分布于我国华南、华东、西南等地，生于丘陵地区。

图16 沙地柏

图17 蕺菜

图18 薜荔

图19 杜衡

图20 花叶冷水花

[生长习性] 喜半阴，喜高温湿润气候，也耐干旱和寒冷。常攀缘生长，生长势及适应性强。

[繁殖] 无性繁殖为主。

[用途] 为优良的庭园和护坡地被，具观赏价值和防治侵蚀功能。瘦果可做凉粉食用。

## 杜衡  *Asarum forbesii* Maxim.

[别名] 马蹄香、马蹄细辛。

[科属] 马兜铃科，细辛属。

[形态特征] 多年生草本。根状茎短，须根肉质，微具辛辣味。叶1~2枚，叶片薄纸质，肾形或圆心形，先端圆钝，基部深心形，叶面具云斑；具长叶柄。花单生于叶腋，花被暗紫色，肉质，钟形，顶端3裂。蒴果肉质，卵球形。

[分布] 分布于安徽、江苏、浙江、江西、湖北、湖南和四川等地。日本也有。

[生态习性] 喜疏松腐叶土、忌冷怕燥、喜阴蔽潮湿的生长环境，常生于山谷、溪边、山坡或沟谷林下之阴湿处。花期3~4月，果期5~6月。

[繁殖] 用分株或播种法繁殖。

[用途] 常用作庭园或耐荫处的地被物，植株形态奇特，可用来布置岩石园；亦可药用。

## 花叶冷水花  *Pilea cadierei* Gagnep. et Guill.

[科属] 荨麻科，冷水花属。

[形态特征] 多年生草本或亚灌木。茎叶多汁，平滑，多分枝。叶交互对生，卵状椭圆形，叶先端急尖，边缘有浅齿，叶面有光泽，并有白色且两侧对称的花纹。主脉3条。雌雄异株。花白色，单性，排成腋生、近头状的伞房花序。

[分布] 原产越南，现我国南方各地广泛作地被植物栽种。

[生态习性] 喜温暖湿润气候，适应性强，忌强光照射，是一种耐阴性的观叶植物。冬季需保持10℃以上温度。花期秋季。

[繁殖] 用扦插繁殖成活率高，萌发力很强。

[用途] 冷水花叶面纹样美丽，是一种常用的阴生观赏地被，也可以盆栽作垂吊观赏。

**火炭母** *Polygonum chinense* L.

[别名] 黄鳝藤、赤地利。

[科属] 蓼科，蓼属。

[形态特征] 多年生草本，茎和叶片均略带红色。叶有短柄，叶柄基部两侧各有一耳垂形的小裂片，早落；叶片三角状卵形或卵状长圆形，顶端渐尖或急尖。头状花序有柄，数个排成伞房状或圆锥状，花被乳白色，基部带淡红色。瘦果卵状三棱形，黑色有光泽。

[分布] 我国长江流域以南地区均有分布。日本、印度、菲律宾和印度尼西亚也有。

图21　火炭母

[生态习性] 生长于山谷、湿地、水边的石缝中或山坡路边的灌丛中。生长势和适应性强。花果期8～10月。

[繁殖] 播种育苗，移栽或自播均可。

[用途] 原野地被植物，具观赏价值和防治污染效果。近年来在园林中已有利用。国外已经育出多种观叶的园艺品种。

**何首乌** *Polygonum multiflorum* Thunb.

[别名] 夜交藤。

[科属] 蓼科，蓼属。

[形态特征] 多年生缠绕草本；块根肥大，纺锤状。茎多分枝。叶互生，叶片卵形至心形，顶端急尖或长渐尖，基部心形，边缘略呈波状；托叶鞘短筒状，膜质。圆锥花序顶生或腋生；花小，白色；花被5深裂，不等大，并在果时增大。瘦果椭圆形，有光泽。

[分布] 在我国华北、西北、华东、华中、华南及西南均有自然分布。日本也有。

[生态习性] 生于山野灌丛、山脚阴处石隙或断墙残垣中。喜温暖、阳光，耐瘠薄性强，也适宜较阴湿环境。花期8～10月，果期10～11月。

[繁殖] 常用块根进行无性繁殖。

[用途] 是很好的垂直绿化材料。块根供药用，为滋补强壮剂，茎藤可治失眠症。

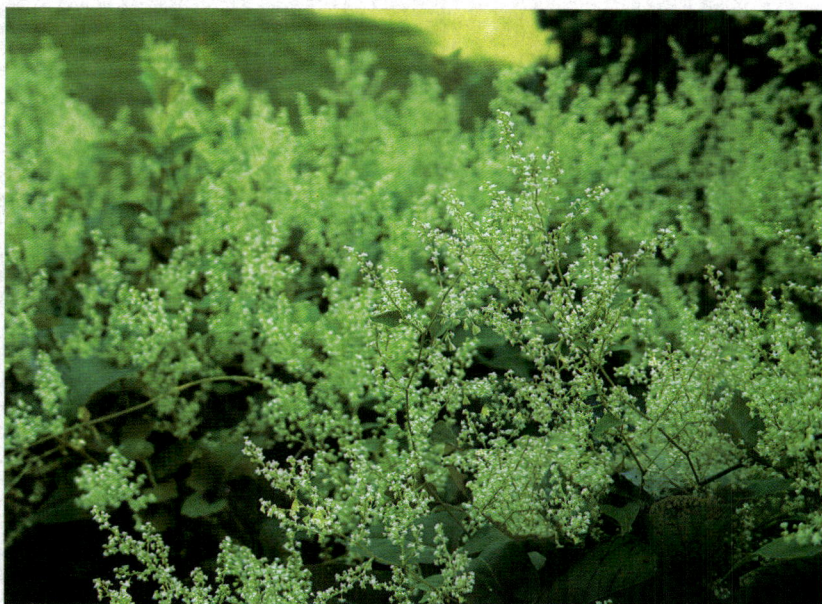

图22　何首乌

## 荭蓼 *Polygonum orientale* L.

[别名] 东方蓼、狗尾巴花、荭草。

[科属] 蓼科，蓼属。

[形态特征] 一年生高大草本。茎直立，多分枝，密生长毛。叶互生，有长柄；叶片卵形或宽椭圆形，顶端渐尖，基部近圆形，全缘；托叶鞘筒形。穗状花序粗壮；苞片宽卵形；花被5深裂，裂片椭圆形，花淡红色。瘦果扁圆形，黑褐色，有光泽。

[分布] 原产澳大利亚及亚洲。在我国东北、华北、华东及西南等地均有分布。朝鲜、日本、菲律宾、印度、俄罗斯也有。各地常见栽培或逸生。

[生态习性] 生于村边路旁和荒田湿地。花期6～7月，果期7～9月。

[繁殖] 播种或自播繁殖。

[用途] 花美丽，自播能力强，花序美丽，是一种高大的观赏地被物。果及全草入药，有清热化痰、活血解毒和明目之效。

## 扫帚菜 *Kochia scoparia* Schrad. f. *trichophylla* Schinz et Thell.

[别名] 扫帚草、绿帚、地肤。

[科属] 藜科，地肤属。

[形态特征] 一年生草本。茎低矮、直立，株丛紧密多分支。叶互生，披针形或线状披针形，全缘，叶片的数量很多。花单生或腋生，集成稀疏的穗状花序；花被褐红色，小而不显，无观赏价值。胞果扁球形，果皮膜质。种子横生，扁圆形。

[分布] 原产亚、欧两洲，其自然分布遍及我国各地。

[生态习性] 喜温暖气候和充足阳光，不耐寒，能耐盐碱和干旱。

[繁殖] 播种育苗，移栽或自播均可。

[用途] 其枝叶细密，叶色嫩绿，常用来布置花坛、花境，是夏秋季节的优良地被，也可在亭、台、楼、阁或假山旁孤植或作背景材料，或摆设盆花群。

图23 荭蓼

图24 扫帚菜

图 25　厚皮菜

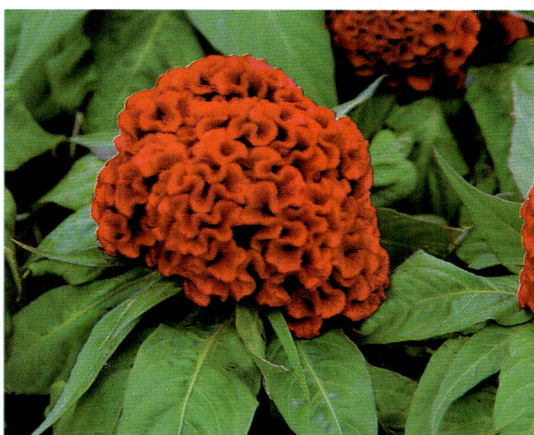

图 26　鸡冠花

**厚皮菜** *Beta vulgaris* L. var. *cicla* L.

[别名] 红恭菜、红叶甜菜。

[科属] 藜科，甜菜属。

[形态特征] 多年生或二年生草本，无毛。茎直立，有沟纹，上部分枝。叶丛生于根颈，叶片长圆状卵形，全缘或成波状卷曲，叶面皱缩，叶柄粗壮，深红或红褐色，肥厚，有光泽；茎生叶较小，菱形或卵形。圆锥花序，花两性，通常二朵或数朵集成腋生花簇，花小，绿色。胞果，种子横生，圆形或肾形，胚乳丰富。

[分布] 原产南欧，早年引入我国。现我国各地普遍栽培。

[生态习性] 喜光、好肥，喜温凉气候，但不耐霜冻。对土壤的要求不严，在排水良好的沙壤土中生长良好。花期 5~6 月，果期 7 月。

[繁殖] 播种繁殖。

[用途] 叶美丽，园林中常用来作冬季的观赏地被，既可布置早春花坛、花境，也可盆栽欣赏，整齐美观。嫩叶可食，根和种子可以入药。

**鸡冠花** *Celosia cristata* L.

[别名] 鸡冠、鸡公花。

[科属] 苋科，青葙属。

[形态特征] 一年生草本。茎粗壮直立，有纵棱。叶互生，基部的叶有柄，茎上部的叶无柄，叶卵形或卵状披针形，全缘。穗状花序顶生，扁平、成肉质的鸡冠状；苞片、小苞片和花冠呈黄色、白色、橙黄、橙红或紫红色，干膜质，宿存。胞果卵形，盖裂。种子扁球形，黑色，有光泽。

[分布] 原产亚洲热带，现广布于全世界温暖地区。

[生态习性] 喜炎热、干燥气候，不耐寒。要求阳光充足、疏松肥沃和排水良好的沙质土。忌霜冻和阴湿积涝。花果期 7~10 月。

[繁殖] 播种育苗移植或自播均可。

[用途] 本花管理粗放，色彩浓艳，常用来布置草坪、花坛和花境，也可以作观赏性的原野地被，颇具观赏价值。嫩茎叶可食，全草入药。

图 27 五色苋

图 28 千日红

**五色苋** *Alternanthera ficoidea* (L.) R. Br. ex Roen et Rchlt 'Bettzickiana'

[俗名] 模样苋、红绿草、织锦苋。

[科属] 苋科，莲子草属。

[形态特征] 多年生草本。茎直立，高10~15cm，多分枝，呈密丛状。节膨大。叶小，对生；卵状狭披针形，全缘，有淡红、鲜红或部分绿色，内杂以红色或黄色斑纹。叶腋着生头状花，萼5片，无花瓣。

[分布] 原产南美巴西，我国各地均有栽培。

[生态习性] 喜温暖，极不耐寒，冬季在15℃的温室中过冬；好阳光，略耐阴，不耐夏季酷热，不耐湿，不耐旱，也不耐瘠薄；生长季节要求湿润和排水良好的环境条件。

[繁殖] 用扦插法或分株法繁殖，极易成活。

[用途] 植株低矮，叶色鲜艳，可以不同色彩拼制成各种花纹、图形及文字等图案，是布置毛毡式花坛和制作立体花坛的好材料。

**千日红** *Gomphrena globosa* L.

[别名] 杨梅花、千年红、火球花。

[科属] 苋科，千日红属。

[形态特征] 一年生草本。茎直立，叉状分枝，全株有毛。叶对生，叶片椭圆形或倒卵形，全缘。花序密集头状，圆球形，1~3个生于总梗顶端，常为紫红色、红色，淡红或白色也有；苞片叶状，小苞片2枚，有色，萼片5枚，有绒毛。

[分布] 原产于印度及南美热带，我国各地均有栽培。

[生态习性] 喜炎热干燥气候，不耐寒；喜向阳和湿润的环境条件，对土壤要求不严。花期6~10月。

[繁殖] 种子繁殖，管理粗放。播种前需要浸种，以免出芽不齐。

[用途] 花期长，色彩鲜艳，可广泛用于夏季花坛、花境或地被物。盆栽欣赏或作干花也可。

## 苋　*Amaranthus tricolor* L.

[别名] 雁来红、老少年、老来少。

[科属] 苋科，苋属。

[形态特征] 一年生草本。茎直立，粗壮，有分枝。叶卵形至椭圆状披针形，基部突狭，渐变为长叶柄，除绿色外，常呈红、紫、黄等色。花单性或杂性，密集成球形花簇，花簇腋生或组成顶生下垂的穗状花序；苞片锥形或卵形。胞果卵状长圆形，盖裂。

[分布] 原产印度，现我国各地均有栽培。有时逸为半野生。

[生态习性] 喜高温、强光以及湿润和

图 29　苋

通风良好的环境条件，但日照要短。耐旱、耐碱，忌湿热，尤宜植于排水良好的沙质土壤。生长期不可过肥，否则叶色不艳。花期 8～10 月。

[繁殖] 均采用播种育苗繁殖。

[用途] 叶色多变，在园林中常作观叶植物，用于布置花坛、花境，盆栽也可。嫩茎叶为蔬菜；全草药用，有解毒功效，种子可治眼疾。

## 光叶子花　*Bougainvillea glabra* Choisy.

[别名] 九重葛、三角花、毛宝巾。

[科属] 紫茉莉科，叶子花属。

[形态特性] 多年生藤状灌木。茎粗壮，具利刺；单叶互生，纸质，卵形或卵圆状披针形，全缘。花序生于新梢顶端，常 3 朵簇生于 3 枚大型的苞片内，苞片叶状，长圆形或椭圆形，暗红色、红色或紫色，稀白色和橙色。瘦果。

[分布] 原产巴西。我国许多地方引种栽培，福建、广东和云南等地可露地栽培。

[生态习性] 喜高温、向阳环境。性强健，适应性强，耐干旱和瘠薄，是一种短日照阳生植物。栽培时应注意整形修剪。花期 6～12 月。

[繁殖] 常用扦插育苗为主，分株繁殖。

[用途] 颜色鲜艳，花形奇特，开花繁茂，在庭园中广泛栽培作为观赏。是作棚架、篱垣和护坡的好材料。

图 30　光叶子花

图31 紫茉莉

## 紫茉莉  *Mirabilis jalapa* L.

[别名] 夜矫矫、夜饭花、胭脂花、草茉莉、状元花。

[科属] 紫茉莉科，紫茉莉属。

[形态特征] 多年生草本常作一年生栽培。根圆锥形，深褐色。茎直立，多分枝，节膨大。叶纸质，卵形或卵状三角形。花通常3～6朵聚伞状簇生于枝端，每花基部有一萼状总苞，花被漏斗状。花有紫红、黄色和白色。瘦果近球形，熟时黑色。

[分布] 原产南美洲，我国栽培甚广。

[生态习性] 喜炎热、湿润环境，喜光，耐瘠薄、稍耐阴，阳光太强会导致落叶；喜肥沃疏松土壤。花傍晚开放，中午关闭。花期6～9月，果期8～10月。

[繁殖] 播种育苗，移植或自播均可。

[用途] 可与低矮植物配置，作庭园植物或斜坡等防侵蚀地被；因夜有浓香，故常在房前屋后丛植。种子的胚乳可制香粉。

## 美州商陆  *Phytolacca americana* L.

[别名] 垂序商陆、十蕊商陆。

[科属] 商陆科，商陆属。

[形态特征] 多年生草本，根粗壮，肥厚，圆锥形。茎直立，通常带紫红色，中部以上具分枝。叶互生，长椭圆形或长椭圆状披针形，质柔嫩。总状花序顶生或侧生，向下弯垂，花白色或淡红色。果实扁球形，多汁液，紫黑色，果序明显下垂。种子肾形，扁平，黑色。

[分布] 原产北美洲，现各地都有栽培，常逸生于山麓、林缘、溪边和村旁。

[生态习性] 喜温暖、湿润气候，忌阳光直射，不耐寒。夏秋季开花。 花果期6～10月。

[繁殖] 用播种或分株繁殖。

[用途] 庭园中常与其他植物配置，起美化或观赏作用，也是一种常见的原野地被植物。本种的根也作中药商陆使用。

图32 美洲商陆

## 大花马齿苋  *Portulaca grandiflora* Hook.

[别名] 半支莲、太阳花、松叶牡丹、死不了。

[科属] 马齿苋科，马齿苋属。

[形态特征] 一年生草本，植株肉质。茎直立或斜生，有分枝，通常稍带紫色。叶散生，细圆柱形，花1～4朵簇生于枝条顶端，基部有8～9枚轮生的叶状苞片。花瓣5枚或重瓣，有紫红、大红、粉红、黄、白等色。照射后开放，午后凋谢。蒴果盖裂。种子多数，黑色，有光泽。

[分布] 原产巴西，在我国庭园、花圃和家庭

里栽培极广。

　　[生态习性] 喜高温、喜强光照，耐旱、耐瘠薄性强。但不耐寒、不耐涝。花期6～10月。

　　[繁殖] 播种、扦插或自播繁殖。

　　[用途] 植株低矮，花色鲜艳，是布置毛毡式花坛、花境或点缀岩石园的好材料，作庭园或原野地被也可。

图33　大花马齿苋

## 须苞石竹　*Dianthus barbatus* L.

　　[别名] 十样锦、五彩石竹、美国石竹。

　　[科属] 石竹科，石竹属。

　　[形态特征] 多年生草本。茎直立，向上渐呈4棱，光滑。基生叶莲座状，茎生叶对生；叶片披针形至椭圆状披针形，先端尖，基部狭窄成柄，边缘有细锯齿，平行脉。花多朵组成圆顶的密集聚伞花序；花被有红、紫、白等色。蒴果卵圆形，熟时4瓣裂。

　　[分布] 分布欧、亚两地，美国栽培尤盛，并由美国传入我国。现庭园中常见栽培。

　　[生态习性] 耐寒，耐旱，喜阳光充足、干燥、通风凉爽的环境，花期4～5月，果期5～6月。

　　[繁殖] 常用播种法，分株也可。

　　[用途] 常用来布置花坛、花境，盆栽欣赏也可。

## 石竹　*Dianthus chinensis* L.

　　[别名] 中国石竹、洛阳花。

　　[科属] 石竹科，石竹属。

　　[形态特征] 多年生草本，作一年生栽培。茎直立，簇生或基部稍匍匐状。叶对生，线状披针形，基部围抱节上。花单生或数朵成聚伞花序状。苞叶4～6枚，花瓣5片，白色、粉红或红色。蒴果圆筒形，熟时顶端4齿裂。

　　[分布] 原产我国，在山林中尚有野生分布。我国各地城乡均有分布和栽培。

　　[生态习性] 性耐寒，喜凉冷气候，要求向阳、干燥、通风环境，忌高温、怕湿涝，各地园林

图34　须苞石竹

图35　石竹

图 36 剪春罗

图 37 矮雪轮

常作越年生栽培。花期 5～7 月，果期 8～9 月。

[繁殖] 秋季播种育苗，能自播，扦插也可。

[用途] 变种和栽培品种较多，花色美丽，高低一致，植株紧凑，故常用来布置花坛、花境或岩石园，也可以作庭园或原野地被。

## 剪春罗 *Lychnis coronata Thunb.*

[别名] 剪夏罗、剪红罗、碎剪罗。

[科属] 石竹科，剪秋罗属。

[形态特征] 多年生草本。根状茎竹节状，黄色。茎丛生，近方形，稍分枝，节间膨大。叶对生，卵状椭圆形，边缘具细锯齿。聚伞花序顶生或腋生，有花 1～5 朵；花瓣橙红色，顶端有不整齐浅裂，下部狭窄成爪。蒴果顶端 5 齿裂，种子多数。

[分布] 原产我国长江流域一带，浙江和江西等地常见分布。现世界各地广泛栽培。

[生态习性] 常生于山坡疏林或山谷林缘草丛中较阴湿处。花期 5～7 月，果期 7～8 月。

[繁殖] 用播种或分株法繁殖。

[用途] 常植于林下作观赏地被，也可以用来布置花坛、盆栽和作切花也可。根药用，消炎止泻，外用治腰部癣。

## 矮雪轮 *Silene pendula L.*

[别名] 大蔓樱草、小红花。

[科属] 石竹科，蝇子草属。

[形态特征] 一二年生草本，植株低矮多分枝。全株密生白色短柔毛。叶对生，全缘，长椭圆形至披针形。花小而繁，有短梗；萼筒膨大，有 10 条纵棱，具胶黏质；花冠粉红色或白色。蒴果中部以上膨大呈倒卵形，熟时顶端 6 裂。种子肾形。

[分布] 原产欧洲南部及地中海沿岸，在我国各地园林中常见栽培。

[生态习性] 耐阴，喜光，喜肥，在富含腐殖质且湿润的土壤环境中生长良好。花期 4～5 月。

[繁殖] 种子繁殖，春播或秋播均可。

[用途] 植株低矮，花期较早，有白、淡紫、浅粉、玫瑰等多种园艺品种，园林适于用来布置花坛、花境，也可以用来点缀岩石园和作地被物。

**女萎** *Clematis apiifolia* DC.

　　[别名] 钥匙藤、花木通。

　　[科属] 毛茛科，铁线莲属。

　　[形态特征] 木质藤本。茎、枝上密生短柔毛。三出复叶；小叶片卵形至宽卵形，常有不明显三浅裂，边缘具缺刻状粗齿或牙齿。圆锥状聚伞花序多花，花序较叶短；花序梗基部有叶状苞片；萼片4枚，开展，白色，狭倒卵形；无花瓣。瘦果纺锤形或狭卵形，被柔毛。

　　[分布] 生于低海拔的向阳山坡、路旁、溪边或林缘。分布于我国浙江、江苏、安徽、江西和福建等地。朝鲜和日本也有。

　　[生态习性] 花期7～9月，果期9～11月。

　　[繁殖] 常用种子繁殖。扦插也可。

　　[用途] 覆盖力强，花美丽，是一种具有开发潜力的观赏地被植物。全株药用，根茎有清热明目、利尿消肿之效。

**飞燕草** *Consolida ambigua* (L.) P. W. Ball et Heywood

　　[别名] 翠雀、千鸟草。

　　[科属] 毛茛科、飞燕草属。

　　[形态特征] 越年生草本。茎、叶疏被短柔毛。叶互生，基生叶具长柄，茎生叶无柄；叶片卵形，3～4回掌状细深裂至全裂，末回小裂片条形。总状花序顶生；萼片5，花瓣状，具钻形的距；2枚花瓣合生，有粉白、红、紫蓝、紫色等颜色。蓇葖果密被柔毛。种子具鳞质横翅。

　　[分布] 原产欧洲南部和亚洲西南部，在我国园林中栽培甚广。

　　[生态习性] 喜冷凉气候，忌水涝，宜栽培于向阳、土质肥沃松软、排水良好的环境。花期5～6月，果期7月。

　　[繁殖] 播种育苗或自播繁殖均可。

　　[用途] 本花的花穗长，色彩鲜艳，开花早，适于布置花境、花坛，各地常用来作庭园和原野的观赏地被。当切花装饰也可。

图38　女萎

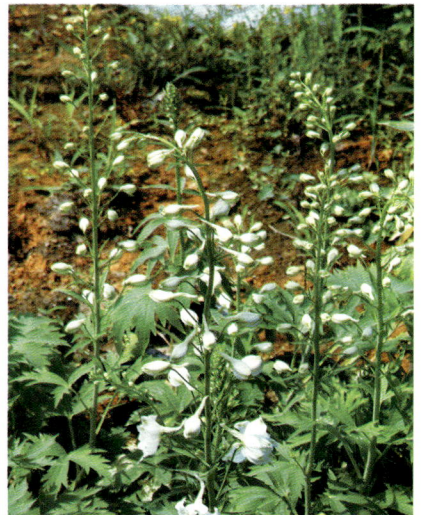

图39　飞燕草

芍药 *Paeonia lactiflora* Pall.

[别名] 白芍、将离、婪尾春。

[科属] 毛茛科，芍药属。

[形态特征] 多年生草本植物。茎下部的叶为二回三出复叶；小叶狭卵形、披针形或椭圆形，边缘密生骨质的白色小齿，叶面有光泽，叶柄长；茎上部渐变为单叶。花顶生或腋生，花冠白色或粉红色，单瓣或重瓣。蓇葖果卵形或椭圆形。

[分布] 分布于我国甘肃、陕西、山西、河北、内蒙古和东北。蒙古，俄罗斯西伯利亚地区也有。

[生态习性] 喜温暖和较干燥的气候，性喜肥，耐旱、耐阴，对光照要求不严。耐寒力强，耐热力不强，夏季休眠。常分布于山地草坡。花期4～5月，果期6～7月。

[繁殖] 常用分株法繁殖。杂交育种时可采用播种繁殖。

[用途] 花期长、花型大，有单瓣和重瓣，有紫色、白色或粉红等多种色彩。园林中常将其成片种植于假山石畔以点缀景色。也可作大面积观赏花坛。切花观赏也可。根可以药用。

小毛茛 *Ranunculus ternatus* Thunb.

[别名] 猫爪草，三散草。

[科属] 毛茛科，毛茛属。

[形态特征] 多年生草本。地下有数个近纺锤形的块根。植株低矮，基生叶丛生，具长柄，三出复叶或为单叶，叶片3浅裂至3全裂，有些小叶的一回裂片成浅裂或细裂，叶柄长；茎生叶无柄，叶片较小。花黄色，花瓣倒卵形。瘦果密集成头状，着生在球状的花托上。

[分布] 分布在我国长江中、下游各省和台湾，北达河南南部，南达广西北部。日本也有。

[生态习性] 喜光、耐水湿，常生于平原湿地或田边荒地。花期3～5月，果期4～7月。

[繁殖] 用种子和小块根繁殖。

[用途] 本种的花黄色，花繁多而美丽，适应性和自播能力强，是大地绿化的常见材料。块根入药，可以散结消淤，主治淋巴结核。

图40 芍药

图41 小毛茛

图42 木通

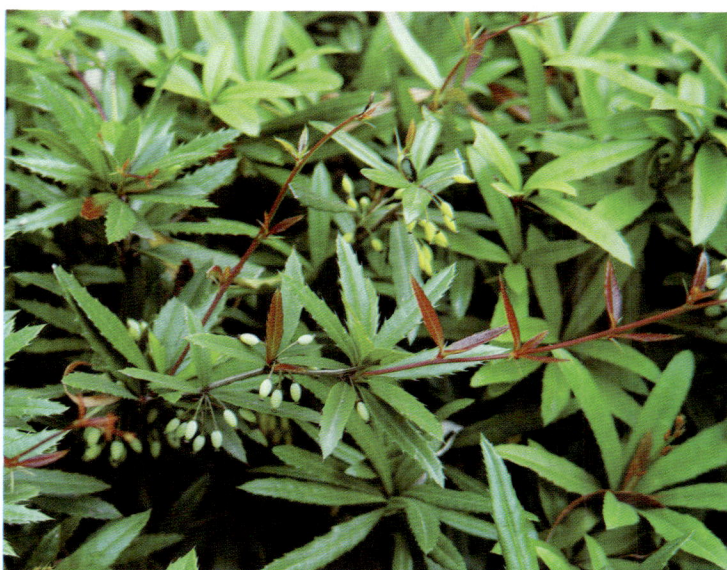

图43 长柱小檗

**木通** *Akebia quinata* (Houtt.) Decne.

[别名] 山木通、五叶木通、野木瓜。

[科属] 木通科、木通属。

[形态特征] 缠绕木质藤本植物。掌状复叶，小叶5枚，有短柄，叶片倒卵形或椭圆形，全缘，顶端微凹。总状花序腋生，雌雄异花。肉质蓇葖果浆果状，椭圆形或长椭圆形，内有种子多数。

[分布] 原产我国东部，广布于长江流域各省。

[生态习性] 喜半阴，稍畏寒；喜温暖、向阳环境，耐瘠薄性强，在富含腐殖质的酸性土壤中生长良好。花期4月，果期8月。

[繁殖] 播种育苗或压条繁殖。

[用途] 可用于边坡绿化或用作防治侵蚀地被。园林中可作为垂直绿化材料。果可食用。

**长柱小檗** *Berberis lempergiana* Ahrendt

[别名] 天台小檗。

[科属] 小檗科，小檗属。

[形态特征] 常绿灌木。老枝深灰色，枝条节部具三分叉的针刺。叶片革质，长椭圆形，边缘具刺齿。总状花序有花5~15朵，花冠黄色。浆果长椭圆形，熟时深紫色，上被带蓝色的蜡彩。内有种子2~3粒。

[分布] 原产于浙江各地，江西也有。我国各地园林中常有栽培。

[生态习性] 喜半阴环境，耐旱。常生于山坡、林下灌丛中。花期4月，果期9~10月。

[繁殖] 常用播种和扦插法繁殖。

[用途] 花果均可用作观赏，是适合在阴处或半阴处栽培的良好地被植物，适合作绿篱或成片栽培观赏。根皮及茎内皮还可供药用。

图44 六角莲

**六角莲** *Dysosma pleiantha* (Hance) Woods.

[别名] 山荷叶，独脚莲。

[科属] 小檗科，八角莲属。

[形态特征] 多年生草本，有粗壮根状茎；茎直立，无毛。茎生叶常为2枚，轮廓矩圆形或近圆形，无毛，8～9浅裂，边缘有针刺状细齿；叶柄长，光滑无毛，盾状着生。花5～8朵簇生于2个茎生叶柄的交叉处；花有长梗，紫红色，下垂。浆果近球形，种子多数。

[分布] 分布于我国台湾地区及福建、浙江、安徽、湖北、广西等省区。

[生态习性] 喜温暖多湿和半阴的环境，常生于山谷和山坡杂木林下或溪边等阴湿处。花期5～6月，7～8月结果。

[繁殖] 用播种和分株法繁殖。

[用途] 本种植株独特，宜种植于公园假山空隙及林下阴湿处作地被物，盆栽也可。根状茎可供药用，治疖毒及毒蛇咬伤有奇效。

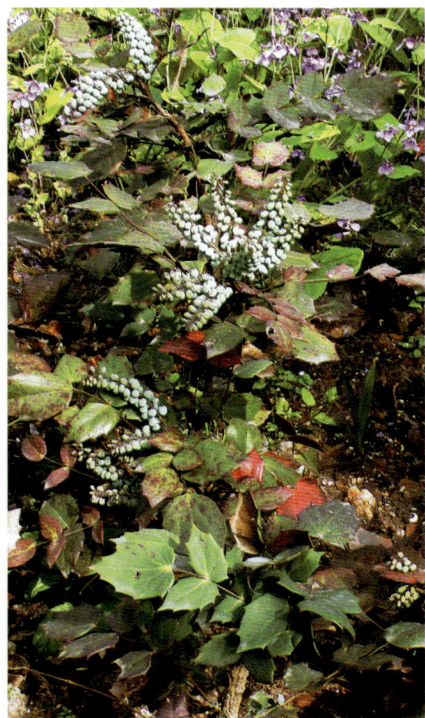

图45 阔叶十大功劳

**阔叶十大功劳** *Mahonia bealei* (Fort.) Carr.

[别名] 土黄柏、功劳树。

[科属] 小檗科，十大功劳属。

[形态特征] 常绿灌木。羽状复叶具长叶柄；小叶7～15枚，厚革质，顶生小叶较大，有柄，顶端渐尖，基部阔楔形或近圆形，每边有刺锯齿，边缘反卷，上面蓝绿色，下面黄绿色；侧生小叶卵形，无柄。总状花序直立，6～9个花序簇生于小枝顶端，花黄色。浆果卵形或卵圆形，有白粉，暗蓝色。

[分布] 分布于我国陕西、河南、安徽、浙江、江西、福建、湖北、湖南和四川等省，城市园林常见栽培。

[生态习性] 喜温暖湿润气候，喜光而不耐阴，也不耐寒。常生于山坡林下及阴凉湿润处或灌丛中；花期3月，果期4～8月。

[繁殖] 播种育苗或用扦插、分株法繁殖。

[用途] 是园林常见的观赏木本花卉，常可用来布置树坛、岩石园、水榭等。也可用作切花。全株供药用，清热解毒、消肿、止泻，治肺结核等症。

**十大功劳** *Mahonia fortunei* (Lindl.) Fedde

[别名] 狭叶十大功劳、小叶十大功劳、土柏枝。

[科属] 小檗科,十大功劳属。

[形态特征] 常绿灌木。一回羽状复叶,有长叶柄,小叶5~9枚,长椭圆状披针形至披针形,边缘刺状锐齿,厚革质;上面亮绿色,下面淡绿色,平滑而光泽。总状花序直立,顶部稍下垂,密生多数小花;花黄色。浆果卵圆形或长圆形,熟时蓝黑色,有白粉。

[分布] 分布于我国湖北、四川省及台湾等地区。各地广为栽培。

[生态习性] 喜光、耐半阴,宜温暖气候。耐寒、耐干旱。对土壤要求不严格。花期7~9月,果期10~11月。

[繁殖] 播种、扦插及分株繁殖。

[用途] 庭园观赏植物地被,常在半阴处作绿篱,也可配植于岩畔,建筑物旁作观赏。

**南天竹** *Nandina domestica* Thunb.

[别名] 天竺、天竹、兰天竹。

[科属] 小檗科,南天竹属。

[形态特征] 常绿灌木;茎直立,少分枝。叶互生,三回羽状复叶;小叶革质,椭圆状披针形,顶端渐尖,基部楔形,全缘,各级小叶对生,近无柄,深绿色,冬季常变成红色。圆锥花序顶生;花白色。浆果球形,鲜红色,内有半球形种子2个。

[分布] 原产日本与中国,分布于江苏、浙江、安徽、江西、湖北、四川、陕西和广西等地。南北园林均有栽培。

[生态习性] 喜温暖多湿及通风良好的半阴环境,较耐旱;常生于山地疏林下和灌木丛中。花期5~7月,花期8~10月。

[繁殖] 播种育苗、分株或扦插繁殖均可。

[用途] 各地庭园广为栽培,为观叶或观果的优良树种。常栽于山石旁及墙角阴处。民间常用来作岁朝清供之物。果实和根叶可以入药。

图46 十大功劳

图47 南天竹

图 48　木防己

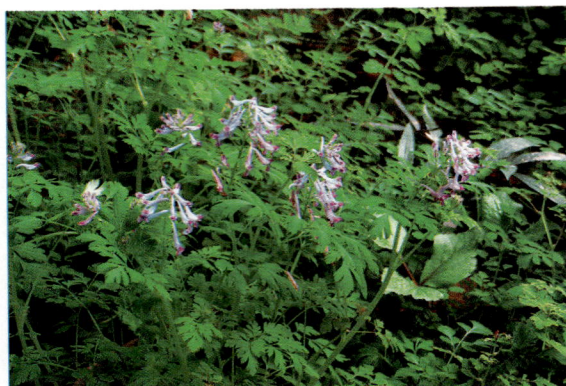

图 49　刻叶紫堇

木防己　*Cocculus orbiculatus*（L.）DC.

[别名] 土木香、白木香、绵纱藤、青藤。

[科属] 防己科，木防己属。

[形态特征] 缠绕性藤本；茎草质或半木质。叶纸质，宽卵形或卵状长圆形，顶端渐尖、圆钝或微缺，基部圆形或近截形，全缘或微波状，两面有柔毛。聚伞状圆锥花序腋生；花单性，雌雄异株；花淡黄色。核果近球形，蓝黑色，有白粉。

[分布] 除西北以外的我国南北各省区均有分布；亚洲东南部及夏威夷也有。

[生态习性] 喜光，耐半阴；喜温暖气候。常生于山地、丘陵、路旁，在肥沃、疏松的土壤中生长良好。花期5~6月，果期7~9月。

[繁殖] 播种繁殖。

[用途] 是自然植被中常见的藤本植物，园林中可以作地被植物及垂直绿化材料。根可供药用和酿酒。

刻叶紫堇　*Corydalis incisa*（Thunb.）Pers.

[别名] 紫花鱼灯草。

[科属] 罂粟科，紫堇属。

[形态特征] 一年生或多年生草本。根茎狭椭圆形，密生须根。植株低矮。叶基生与茎生，叶片二或三回羽状全裂，一回裂片2~3对，具细柄；二或三回裂片不规则分裂。总状花序；花两侧对称，花瓣紫色，上面花瓣略长，末端钝；下面花瓣基部具囊状突起。蒴果线形，熟后弹裂。种子黑色，多数。

[分布] 分布在我国福建、浙江、江西、江苏、安徽、河南、陕西、山西和河北等省及台湾地区；日本也有。

[生态习性] 喜阴湿环境，较耐寒。畏强光照和干旱，喜酸性土，常生于低山林下、沟边、草丛或石缝墙角处。花期3~4月，果期4~5月。

[繁殖] 播种繁殖或营养繁殖。

[用途] 本种花形奇特，可配植于林下或半阴的花坛里作观赏地被，是山坡、林下常见的野生地被。全草入药，有杀虫和治疮癣等效，可作外敷药。

荷包牡丹 *Dicentra spectabilis* (L.) Lem.

[别名] 兔儿牡丹铃心草。

[科属] 罂粟科，荷包牡丹属。

[形态特征] 多年生草本。茎高 30～60cm。叶对生，具长柄；三出羽状复叶。总状花序顶生并呈拱形弯曲；苞片钻形；花两侧对称；萼片极小，早落；花瓣 4 枚，外面 2 枚粉红色，下部囊状；内面 2 个狭长，白色，在中部之上缢缩，形似荷包。蒴果细长。

图 50　荷包牡丹

[分布] 原产我国东北、河北及西南等地，在我国各地园林早有栽培。

[生态习性] 耐寒、耐半阴；不耐高温和干旱。喜肥沃疏松的沙质壤土。花期 4～6 月。

[繁殖] 主要用分株或扦插法繁殖，播种也可。

[用途] 本花花似荷包，叶似牡丹，形态奇特。适合布置花境或在山石树穴中丛植，盆栽或切花观赏也可，是人们喜闻乐见的地被植物。

花菱草 *Eschscholtzia californica* Cham.

[别名] 金英花、人参花。

[科属] 罂粟科，花菱草属。

[形态特征] 多年生草本，常作一二年生栽培。全株光滑无毛，有白粉。叶互生，多回三出羽状细裂，小裂片线形。花单生于茎或分枝顶端；花托凹陷；花瓣 4，橘红色、黄色或乳白色。蒴果细长，瓣裂，内有种子多数。

[分布] 原产北美西部。我国早有引种栽培。

[生态习性] 喜阳光、耐寒，夏季处于半休眠状态。花朵在阳光下开放，阴天及夜间闭合。花期 5～6 月。

[繁殖] 秋季播种，育苗移植或自播均可。

[用途] 本种枝叶细密，形态美丽，开花繁茂，有橙黄、柠檬黄、橙红、洋红和乳白等色，是庭园中良好的观赏性地被，可以用来布置花坛、花境和草坪，也可作大面积的护坡地被。

图 51　花菱草

## 虞美人　*Papaver rhoeas* L.

[别名] 丽春花、赛牡丹、罂粟花、蝴蝶满园春。

[科属] 罂粟科，罂粟属。

[形态特征] 一年生或二年生草本，全株有粗毛；茎直立，有分枝。单叶互生，叶片羽状分裂，裂片披针形或线状披针形，边缘有粗锯齿，两面有糙毛。花鲜艳，单生，有长柄，花蕾卵球形，开花前下垂；萼片外有糙毛；花瓣近圆形或宽倒卵形，紫红色或朱红色。蒴果倒卵形，孔裂，种子多数。

[分布] 原产欧洲，我国各地均有栽培。

[生态习性] 喜阳光充足的环境；爱干燥，忌潮湿，在肥沃疏松的土壤条件下生长良好。花期5~6月，果期5~7月。

[繁殖] 用播种法繁殖。种子的自播能力强，但不耐移栽，故以直播为好。

[用途] 花浓艳华丽，花形别致，是一种美丽的观赏地被。用来布置春季花坛的材料，布置花境或大地绿化均很相宜。

## 醉蝶花　*Cleome spinosa* L.

[别名] 西洋白花菜、紫龙须。

[科属] 白花菜科，白花菜属。

[形态特征] 一年生草本，有强烈臭味。掌状复叶互生；小叶5~7枚，叶片长圆状披针形，先端渐尖，基部楔形，全缘，两面有腺毛，叶柄有腺毛，托叶成小钩刺。总状花序顶生；萼片线状披针形，开时向外反折；花瓣玫瑰紫色或白色，倒卵形，有长爪；子房具长柄。蒴果圆柱形，有纵纹，种子圆肾形。

[分布] 原产南美热带；我国各大城市均有栽培。

[生态习性] 喜光，喜温暖湿润气候，耐半阴、耐干旱和高温，抗污染，但不耐寒；要求疏松肥沃的土壤条件。花果期7~10月。

[繁殖] 播种繁殖，也能自播繁衍。

[用途] 本种花形奇特美丽，是布置花境、花坛的好材料，也可用作盆栽和切花。是极好的蜜源植物。

图52　虞美人

图53　醉蝶花

图 54　羽衣甘蓝

图 55　香雪球

**羽衣甘蓝**　*Brassica oleracea* L．var．*acephala* L．f．*tricolor* Hort．

[别名] 叶牡丹、花菜。

[科属] 十字花科，芸苔属。

[形态特征] 二年生草本，有白粉。茎矮而粗壮，不分枝。基生叶大，肉质肥厚，倒卵形或长圆形，叶柄有翅而重叠，叶面皱缩，有白黄、黄绿、粉红、紫红等色，其中心的叶不能相互包叠成球形。总状花序顶生，花乳黄色，十字形花冠。长角果圆柱形，种子球形。

[分布] 原产欧洲西部，现我国各地普遍栽培。

[生态习性] 喜阳光和肥沃的土壤，耐寒力较强。花期3～4月，果期5月。

[繁殖] 用种子秋播繁殖。

[用途] 城市庭园中常栽培作观赏地被植物，是布置冬季及早春花坛的常用材料。

**香雪球**　*Lobularia maritima* (L.) Desv．

[别名] 小白花、喷雪花。

[科属] 十字花科，香雪球属。

[形态特征] 多年生草本，作一年生栽培。茎丛生，多分枝，全株有丁字毛。叶互生，叶片线状披针形至长圆状披针形，全缘。总状花序顶生，花白色或淡紫色，开花期间如同花球。短角果宽卵形，种子近卵圆形，具窄翅。

[分布] 原产地中海沿岸和亚洲西部，现我国各地均有栽培。

[生态习性] 喜光，也耐半阴，喜温暖湿润气候。忌炎热，不耐寒；对土壤要求不严。花果期5～6月。

[繁殖] 播种育苗移植或自播。

[用途] 株形玲珑，花色素雅，香味芬芳，是优美的观花地被植物，适宜布置花坛、花境，或草坪边角，也可作大面积自播地被。是优良的蜜源植物。

## 垂盆草 *Sedum sarmentosum* Bunge

[别名] 狗牙齿、柔枝景天。

[科属] 景天科，景天属。

[形态特征] 多年生草本。植株低矮，肉质；不育茎匍匐，节上生不定根；花茎直立，细弱。叶3枚轮生，叶片倒披针形至长圆形，顶端近急尖，基部渐狭，有短距。聚伞花序顶生，有3～5个分枝。花稀疏，无花梗；花瓣5枚，淡黄色。蓇葖果。种子细小。

[分布] 分布于我国长江中下游及东北等地。日本和朝鲜也有。栽培甚广。

[生态习性] 耐寒、耐热、耐干旱性强。适宜生长于山坡、溪流、岩石上；喜沙质土壤。花期5～6月，果期7～8月。

[繁殖] 以无性繁殖为主，也能自播繁殖。

[用途] 植株低矮、细腻、美丽，有很高的观赏价值，可作为庭园绿化及大面积的斜坡地被使用。全草还可药用，是很好的治肝炎用药。也可作猪饲料。

## 绣球 *Hydrangea macrophylla* (Thunb.) Ser.

[别名] 八仙花、阴绣球、草绣球、斗球、粉团花、紫阳花。

[科属] 虎耳草科，绣球属。

[形态特征] 落叶灌木；小枝粗壮，有明显的气孔和叶迹。叶对生，近肉质，叶片椭圆形或宽卵形，先端短渐尖，基部宽楔形，边缘有粗锯齿。伞房花序顶生，球形，全由不孕花组成；每朵花有4枚萼片，萼片宽卵形；花白色，后变为粉红或蓝色，极美丽。

[分布] 原产我国长江流域以南各省区。日本、朝鲜也有。现各地园林常见栽培。

[生态习性] 喜温暖湿润的半阴环境，不耐寒，也不耐干旱和积水。喜肥沃土壤，土壤酸碱度对花色有明显影响。花期6～7月。

[繁殖] 分株扦插和压条均可。

[用途] 著名观赏植物，花朵硕大，花期长，花色多变，可配植于庭荫处、疏林下、林缘、棚架和建筑物边缘，盆栽观赏也可。

图60 垂盆草

图61 绣球

图62 虎耳草

# 虎耳草 *Saxifraga stolonifera* Meerb.

[别名] 疼耳草、矮虎耳草、金丝荷叶、金丝吊芙蓉。

[科属] 虎耳草科,虎耳草属。

[形态特征] 多年生草本。植株低矮,基部具细长匍匐茎,能着地生根。叶片肉质,通常数枚至十余枚基生,圆形或肾形,边缘有浅裂,两面有长伏毛,下面常红紫色或有斑点。花序疏圆锥状,花瓣5枚,白色,花不整齐。蒴果宽卵形,顶端喙状,2深裂。种子卵形。

[分布] 分布于我国华北、华东、华南及西南各地。日本和朝鲜也有。我国园林中常有栽培。

[生态习性] 喜温暖气候和阴湿环境,不耐干旱和寒冷,忌日光暴晒,在秋凉时再生力尤强。花期4~8月,果期6~10月。

[繁殖] 以匍匐茎繁殖。可分株移栽,也可以播种繁殖。

[用途] 观叶为主的地被植物,是布置岩石园和水石小景的好材料,也可盆栽悬挂观赏。

# 海桐 *Pittosporum tobira* (Thunb.) Ait.

[别名] 水香、七里香、宝珠香。

[科属] 海桐花科,海桐花属。

[形态特征] 常绿灌木或小乔木。枝条聚生于枝顶呈假轮生;叶革质,倒卵形或倒卵状披针形,顶端圆钝或微凹,边缘全缘且常外卷,基部楔形。伞形花序近伞房状,顶生或近顶生;花白色或带淡黄绿色,有香味。蒴果圆球形,有3棱,果瓣木质,内有假隔膜。种子鲜红色。

[分布] 原产我国,分布于广东、福建、浙江、江苏等地。朝鲜,日本也有。庭园常见栽培。

[生态习性] 喜光、喜温暖湿润气候,稍耐阴,耐修剪,对土壤适应性强。常生于林下、沟边,各地园林中均见栽培。花期4~6月,果期9~12月。

[繁殖] 播种或扦插繁殖均可。

[用途] 对二氧化硫等有毒气体有抗性,在园林中广泛应用。园林中常通过修剪控制其高度,可作为绿篱或园林造型;也可孤植、丛植布置庭园。

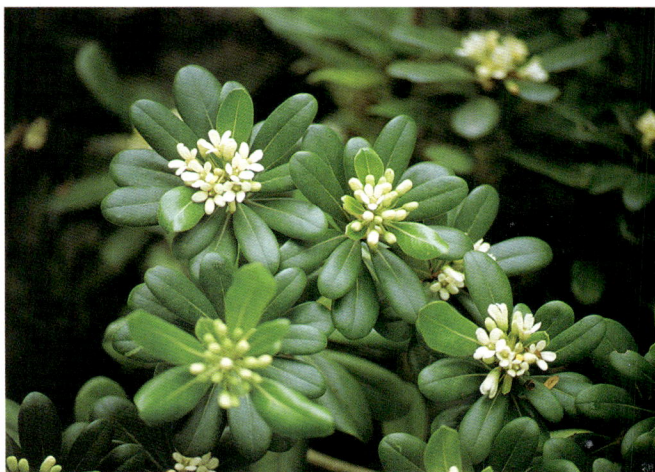

图63 海桐

## 小叶蚊母树 *Distylium buxifolium* (Hence) Merr.

[科属] 金缕梅科，蚊母树属。

[形态特征] 多年生常绿灌木，小枝与芽具垢状鳞毛。叶薄革质，倒披针形，全缘。花杂性；雌花或两性花排列成腋生的穗状花序；苞片线状披针形；萼筒极短，萼齿披针形，子房有星状毛。蒴果木质，有星状毛。

[分布] 分布于浙江、福建、湖北、湖南广西及四川等省区。

[生态习性] 喜温暖、湿润气候，较耐阴，耐修剪，易控制高度栽培。

[繁殖] 常用播种或扦插法繁殖。

[用途] 适应性和抗逆性强，可用作庭院、公路分车道及防治侵蚀地被。

图64 小叶蚊母树

## 檵木 *Loropetalum chinense* (R.Br.) Oliv.

[别名] 檵柴、坚漆、山漆柴。

[科属] 金缕梅科，檵木属。

[形态特征] 落叶或常绿，灌木或小乔木。小枝被黄锈色星状柔毛。叶互生、叶片革质，卵形，全缘，很少有锯齿，密生星状毛。花两性，4~8朵簇生成头状或短穗状花序；花瓣4枚，白色，带形。蒴果卵球形，木质，具星状毛。内有卵球形种子2粒。

[分布] 分布于亚洲东部的亚热带地区，在我国中部、南部及西南各地区均有分布。

[生态习性] 喜温暖气候、酸性土壤，适应性强。喜生于向阳的山坡灌丛中。花期4~5月，果期8~9月。

[繁殖] 播种繁殖或扦插育苗移植。

[用途] 花美丽，抗逆性强，是江南山区植被的常见成分，是大地绿化中的自然景观地被。

图65 檵木

图66　红花檵木

**红花檵木**　*Loropetalum chinense* (R. Br.) Oliv. var. *rubrum* Yieh

[别名] 红檵木、红桎木。

[科属] 金缕梅科，檵木属。

[形态特征] 常绿灌木或小乔木。嫩枝被暗红色星状毛。叶互生，革质，卵形，全缘；嫩叶淡红色，老叶暗红色。花3～4朵簇生在总花梗上，呈头状花序或短穗状花序；花瓣4枚，淡紫红色，带状线形。蒴果木质，倒卵圆形。种子长卵形，黑色。

[分布] 原产湖南，我国南方多有栽培。

[生态习性] 喜温暖向阳的环境和肥沃酸性的土壤。耐寒、耐旱，不耐瘠薄。春末夏初和秋季两次开花，果期9～10月。

[繁殖] 以扦插育苗移植为主，压条、嫁接、播种也可。

[用途] 本种枝叶繁多，叶色美丽，花瓣美艳，适宜群植和列植作地被植物或用来布置绿化带。是一种优良名贵的木本地被物。

**日本木瓜**　*Chaenomeles japonica* (Thunb.) Lindl.

[别名] 日本海棠、倭海棠。

[科属] 蔷薇科，木瓜属

[形态特征] 落叶灌木，枝有细刺；小枝粗糙，具绒毛。叶片倒卵形、匙形至宽卵形，稀长椭圆形，边缘有圆锐锯齿；托叶肾形，有圆齿。花先叶开放或与叶同放，2～5朵簇生于二年生枝上；花梗短粗，花被猩红色。梨果近球形，黄色，萼宿存。内有种子多枚。

[分布] 原产日本，我国华东各省及陕西等地常有栽培。

[生态习性] 喜光，不耐阴，较耐寒，性强健，对土壤的要求不严，忌水涝。花期3～6月。果熟期8～10月。

[繁殖] 播种育苗或扦插、压条、分株繁殖均可。

[用途] 花美丽，有白色、花叶等变种，各地常见栽培作观赏；枝密多刺，可作绿篱；也可单植用来布置花境，或列植成为花带。

图67　日本木瓜

图68 平枝枸子

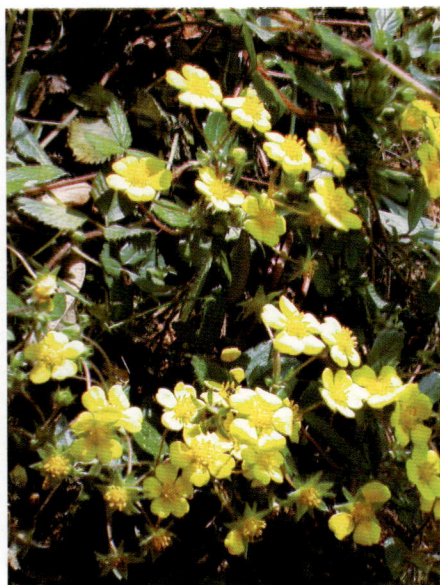

图69 蛇莓

## 平枝枸子 *Cotoneaster horizontalis* Decne.

[别名] 枸刺木

[科属] 蔷薇科,枸子属

[形态特征] 落叶或半常绿灌木,植株低矮。枝条水平开展,排列成2列,小枝黑褐色。单叶互生,叶片近圆形或宽椭圆形,基部楔形,全缘。聚伞花序有花数朵至多朵;花无柄;萼筒钟状;花瓣直立,粉红色。梨果近球形。

[分布] 分布于我国湖北、湖南、浙江、甘肃、陕西,四川、贵州和云南等地。

[生态习性] 生长势、适应性、耐寒性及耐瘠薄性均强。生于灌丛中或岩石坡上。花期5~6月,果期9~10月。

[繁殖] 常以种子繁殖。

[用途] 作为庭院观花、观叶及观果植物,也可作原野地被使用。根和全株均可药用,治妇科疾病。

## 蛇莓 *Duchesnea indica* (Andr.) Focke

[科属] 蔷薇科,蛇莓属

[形态特征] 多年生草本,全株有柔毛。匍匐茎长。三出复叶有长柄;小叶片卵形或倒卵形,边缘具钝锯齿,近无柄。聚伞花序有花数至10朵;每花有花萼与副萼5~8枚,花瓣5枚,黄色。聚合果球形或卵球形,红色,瘦果。

[分布] 辽宁以南大多省市区有自然分布。

[生态习性] 耐寒、喜阳,也耐阴,适应性强。花期4月,果期6月。

[繁殖] 自播繁殖。

[用途] 适作乔木、灌木林下的地被或作原野地被。

## 棣棠花 *Kerria japonica* (L.) DC.

[别名] 金棣棠、地棠、黄度梅、黄榆梅。

[科属] 蔷薇科，棣棠属。

[形态特征] 落叶灌木，嫩枝绿色有棱，常拱垂。叶互生，三角状卵形或宽卵形，先端长渐尖，基部截形或近圆形，边缘有尖锐重锯齿，上面近无毛，下面微生短柔毛；叶柄无毛；托叶早落。花单生于当年生侧枝顶端；花瓣黄色。瘦果黑色或黑褐色，无毛，有皱折。

[分布] 原产我国华北南部、华中和华东的广大地区，秦岭山区有野生分布。

[生态习性] 喜温暖湿润环境和疏松肥沃的土壤，耐半阴，耐寒性和耐旱性不强。常生于山涧、岩石旁或灌丛中。花期4~5月，果期6~8月。

[繁殖] 萌蘖性很强，常用分株、扦插等法繁殖。重瓣品种必须采用无性繁殖法。

[用途] 花有单瓣和重瓣之分，甚美丽。可群植为花篱，或用作林缘、水畔和树下疏荫处的观赏地被。花入药，有行水消肿、止痛、止咳等效。

## 蛇含委陵菜 *Potentilla sandaica* (Bl.) Kuntze

[别名] 五爪龙、蛇含。

[科属] 蔷薇科，委陵菜属。

[形态特征] 多年生草本。根茎短，茎多分枝、细长，稍匍匐。掌状复叶，茎中、下部叶为5小叶，茎上部叶为3小叶，小叶片倒卵形或倒披针形，边缘有粗锯齿；托叶贴生于叶柄。聚伞花序有多花。花萼外各有披针形副萼片一枚，花冠黄色。瘦果近圆形。

[分布] 我国除新疆、台湾外，自辽宁以南地区均有分布。朝鲜、日本、马来西亚和印度也有。

[生态习性] 喜温暖湿润气候、酸性土壤，耐寒、抗逆性强，但不耐高温。常生于田边、路旁草地和山坡、旷野等地。花果期4~9月。

[繁殖] 播种或无性繁殖。

[用途] 庭园或原野地被，花果可以观赏。本属中诸如翻白草(*P. discolor*)、委陵菜(*P. chinensis*)等种也是优良的地被，是大地绿化的好材料。

图70 棣棠花

图71 蛇含委陵菜

图72 火棘

图73 蓬蘽

**火棘** *Pyracantha fortuneana* (Maxim.) Li

[别名] 火把果、救军粮。

[科属] 蔷薇科，火棘属。

[形态特征] 常绿灌木。枝密生，侧枝短，顶端成刺状。叶片倒卵状或倒卵状长圆形，顶端圆或微凹，基部楔形下延，边缘有钝锯齿，近基部全缘，两面无毛。复伞房花序，花白色。梨果近球形，深红色或橘红色。

[分布] 原产亚洲东部至欧洲南部，我国秦岭以南的长江流域或西南各省均有分布和栽培。

[生态习性] 喜温暖湿润和阳光充足环境，稍耐阴，对土壤要求不严；本种的适应性强，耐瘠薄，耐干旱，也耐修剪。花期3～5月，果期8～11月。

[繁殖] 常用播种或扦插法繁殖。

[用途] 可以作绿篱和境界植物，可种植于林源、草坪边和岩畔等处作观赏，是庭园优良的观果地被，也可以用作防治侵蚀的荒漠地被材料。果实磨粉可作代食品。

**蓬蘽** *Rubus hirsutus* Thunb.

[别名] 秧泡、老山泡。

[科属] 蔷薇科，悬钩子属。

[形态特征] 半常绿小灌木。茎细，有腺毛、柔毛和皮刺。奇数羽状复叶，小叶3～5枚，叶片卵形或宽卵形，先端急尖或渐尖，边缘有不整齐重锯齿，两面散生白柔毛，下面疏生腺毛；叶柄和叶轴密生短柔毛。花单生于小枝顶端，白色。聚合果近球形，红色。

[分布] 分布在我国湖北、河南、江苏、浙江、江西、福建、广东等省。朝鲜，日本也有。

[生态习性] 喜温暖湿润气候，对土壤的要求不严；常生于山坡林中或林缘、路旁，往往能够成片生长。花期4～6月，果期5～7月。

[繁殖] 播种或营养繁殖均可。

[用途] 自繁殖能力和适应性很强，是大地绿化和边坡治理的良好材料。全株及根入药，有消炎解毒、清热活血之效。果实可作饮料或浆果食用。

**高粱泡** *Rubus lambertianus* Ser.

[别名] 上棚莓。

[科属] 蔷薇科,悬钩子属。

[形态特征] 半常绿蔓生灌木。茎伏地生根,有棱,散生钩状小皮刺。单叶,叶片宽卵形,稀长圆状卵形,先端渐尖,基部楔形,边缘明显3~5裂,或呈波状,有微锯齿。中脉常有疏生小皮刺。圆锥花序顶生或腋生;花白色。聚合果红色,球形,无毛。

[分布] 我国长江流域及长江以南各地常有分布。日本也有。

[生态习性] 生长势、适应性、耐瘠性均强。生于低山丘陵地带的山沟、路旁、岩石间。花期8~9月,果期10~11月。

[繁殖] 分蘖性强,用分根法繁殖。

[用途] 本种适应性很强,盖地能力和水土保持能力强,可用于边坡生物治理工程。果可生食或酿酒。根入药,有清热、散瘀、止血作用。

**茅莓** *Rubus parvifolius* L.

[俗名] 红梅消、天青地白草。

[科属] 蔷薇科,悬钩子属。

[形态特征] 落叶灌木,茎蔓生,有短柔毛和倒生皮刺。3~5出复叶,小叶菱状宽卵形至宽倒卵形,边缘浅裂,有不整齐的锯齿,沿叶脉疏生柔毛,叶背密生白色绒毛,叶柄和叶轴有柔毛和小皮刺。伞房花序顶生或腋生,有花数朵;花红色或紫红色。聚合果球形,红色。花期5~6月,果期7~8月。

[分布] 我国各地广泛分布。

[生态习性] 抗逆性强,常分布于山坡、路旁及灌丛中。

[繁殖] 分蘖性强,可用分根和扦插法繁殖。

[用途] 本种适应性很强,盖地能力和水土保持能力强,可用于边坡生物治理工程。果酸甜可食。叶及根皮入药,有清热、收敛之效。

图74 高粱泡

图75 茅莓

图 76 木香花

图 77 硕苞蔷薇

**木香花** *Rosa banksiae Ait. f.*

[别名] 白木香。

[科属] 蔷薇科，蔷薇属。

[形态特征] 攀缘灌木，高达 6m；小枝疏生皮刺或无刺。羽状复叶；小叶 3～5，少数 7 枚，叶片椭圆状卵形或长圆状披针形，先端急尖或钝，基部楔形或近圆形，边缘有锐锯齿；托叶线形，离生，早落。伞形花序；花梗细长；花白色或黄色，有芳香。蔷薇果近球形，红色。

[分布] 在我国河北、山东、山西、陕西、甘肃、青海、江苏、湖北、江西、四川、云南、福建各地普遍栽培。

[生态习性] 喜阳光，较耐寒，忌潮湿积水；要求排水良好而肥沃的砂质土壤。生于溪边、路旁或山坡灌丛中。花期 4～5 月，果期 8～9 月。

[繁殖] 常用分株、扦插等法繁殖。

[用途] 花有单瓣或重瓣，白色或黄色，是庭院中常见的绿化观赏树种，常用来攀缘作棚架植物。花可提取芳香油，制香精和化妆品。

**硕苞蔷薇** *Rosa bracteata Wendl.*

[别名] 苞蔷薇、糖钵。

[科属] 蔷薇科，蔷薇属

[形态特征] 常绿灌木。小枝粗壮，茎蔓生或平卧，有弯曲皮刺和细刺。羽状复叶有小叶 5～9 枚，叶片椭圆形或倒卵形，先端钝或突尖，边缘具细圆齿；托叶披针形，羽裂，离生并早落。花单生，白色，有短梗；萼裂片 5 枚，三角状卵形；花瓣 5 枚，倒心脏形；雄蕊多数。果球形，橙红色。

[分布] 分布在我国湖南、江苏、安徽、江西、浙江、福建、贵州、云南等地。日本也有。

[生态习性] 多生于低海拔的山坡、草地、林边、溪边及路边等向阳处。花期 5～6 月，果期 9～10 月。

[繁殖] 繁殖用播种，扦插也可。

[用途] 本种抗逆性强，花美丽，是一种良好的野生观赏地被植物。根皮含鞣质；有补脾、益肾之效；花可止咳；叶外敷可疗毒。

**月季花** *Rosa chinensis* Jacq.

[别名] 月月红。

[科属] 蔷薇科，蔷薇属。

[形态特征] 常绿或半常绿灌木。小枝有钩状皮刺。小叶3～5枚，少数7枚，宽卵形或卵状椭圆形，边缘有锐锯齿，两面无毛；叶柄和叶轴散生皮刺和短腺毛；托叶大部与叶柄合生，边缘有睫毛状腺毛。花红色或粉红色，重瓣，常数朵聚生。蔷薇果近球形，黄红色。

[分布] 原产我国华中、西南地区，现世界各地常见栽培。

[生态习性] 性喜阳，好温暖、湿润和肥沃的土壤条件。

[繁殖] 扦插繁殖为主，嫁接为副。嫁接常用野蔷薇作砧木。

[用途] 月季的品种繁多，常用来作地被植物的品种小月季（var. minima Voss.）高不盈尺，花小，5～11朵聚成伞房花序，单瓣或重瓣。是近年来在高速公路两侧广泛应用的景观地被植物。

图78 月季花

**金樱子** *Rosa laevigata* Michx.

[名称] 糖罐子。

[科属] 蔷薇科，蔷薇属。

[形态特征] 常绿攀缘灌木。有钩状皮刺和刺毛。小叶3枚，少数5枚，羽状复叶，小叶椭圆状卵形或披针状卵形，有光泽，背面沿中脉有细刺；叶柄和叶轴有皮刺。花白色。蔷薇果近球形或倒卵形，有细刺，顶端具有缩存萼片。

[分布] 分布于我国华中、华东、华南、西南等地。

[生态习性] 喜温暖、向阳山野，耐干旱和瘠薄性强，性强健，对土壤要求不严。花期4～6月，果期9～10月。

[繁殖] 播种或扦插繁殖均可。

[用途] 花淡雅、美丽，抗逆性强，既可攀缘它物作观赏性垂直绿化材料，也可作原野保护性地被植物，是一种有开发价值的野生花卉，可广泛用于边坡。果可食用或药用。

图79 金樱子

图 80 野蔷薇

图 81 七姐妹

**野蔷薇** *Rosa multiflora* Thunb.

[别名] 多花蔷薇、蔷薇。

[科属] 蔷薇科,蔷薇属。

[形态特征] 落叶灌木;枝细长,上升或蔓生,有皮刺。羽状复叶,小叶5～9枚,叶片倒卵形至椭圆形,顶端急尖或稍钝,基部宽楔形或圆形,边缘有锐锯齿;托叶大部附着于叶柄上,边缘成篦齿状分裂。伞房花序圆锥状;花白色,多数,有芳香。蔷薇果球形至卵形,褐红色。

[分布] 原产欧亚两洲的广大地区,在我国的分布极广。

[生态习性] 喜光,不耐阴,耐寒力强,生于海拔1000m以下的向阳山坡、旷野、林缘、路边或灌丛。花期5～7月,果期10月。

[繁殖] 常用扦插法繁殖,播种、分株、压条繁殖均可。

[用途] 是庭园中十分常见的观赏花卉,常用来布置花篱、门廊和花墙等垂直绿化之用。园艺上可作月季的砧木。花、果及根入药,为泻下剂和利尿药。

**七姐妹** *Rosa multiflora* Thunb.'Carnea'

[别名] 十姐妹、七秭妹。

[科属] 蔷薇科,蔷薇属。

[形态特征] 落叶灌木,茎具钩状皮刺和刺毛,可偃伏或攀缘。羽状复叶有小叶5～7枚,小叶倒卵形或椭圆状形,托叶大部分和叶柄合生,边缘篦齿状。花粉红或深玫瑰红色,7～10朵组成平顶的伞房花序,单瓣或重瓣。蔷薇果近球形或卵形。

[分布] 我国华中、华东、华南、西南等地常见栽培。

[生态习性] 喜温暖、潮湿和向阳的环境条件,对土壤的要求不严。花期5～7月。

[繁殖] 用扦插法繁殖,极易成活。嫁接也可。

[用途] 园林中可植为花篱、花柱、花门、花廊。也可作盆栽或切花观赏。

**缫丝花** *Rosa roxburghii* Tratt.

[别名] 刺梨、木梨子。

[科属] 蔷薇科,蔷薇属。

[形态特征] 落叶或半落叶灌木;托叶下常有成对皮刺。羽状复叶有小叶9～15枚,小叶片椭圆形或椭圆状长圆形,先端急尖或圆钝,基部宽楔形,边缘有细锯齿;托叶大部附着于叶柄。花1～2朵,生于短枝,淡红色或粉红色,微芳香;蔷薇果扁球形,密生针刺。

[分布] 分布在我国四川、贵州、云南、江苏、湖北、广东各地。

[生态习性] 多生于溪沟、路旁及灌丛中。

[繁殖] 用种子繁殖为主，扦插和分株繁殖也可。

[用途] 果实富含维生素丙，生食或熬糖、作蜜饯、酿酒；根皮和茎皮提制栲胶；叶泡茶有解热之效。

## 麻叶绣线菊　*Spiraea cantoniensis* Lour.

[别名] 麻叶绣球、麻毬

[科属] 蔷薇科，绣线菊属。

[形态特征] 灌木；小枝拱形弯曲，无毛。叶片菱状披针形至菱状椭圆形，顶端急尖，基部楔形，边缘近中部以上具有缺刻状锯齿。伞形花序，具多数花朵；有长花梗；花白色，几与叶同放。蓇葖果直立开张，无毛。

[分布] 原产我国东部与南部，分布在河北、河南、陕西、安徽、江苏、浙江、江西、四川、广西、广东、福建等地。日本也有。

[生态习性] 喜温暖湿润气候，耐瘠、较耐寒，适应性较强。花期4～5月，果期6～9月。

[繁殖] 播种育苗或用分株、扦插等法繁殖。

[用途] 花朵密集，洁白美丽，常见栽培供观赏。重瓣种 var.lanceata Zabel 更美。

## 粉花绣线菊　*Spiraea japonica* L.f.

[别名] 光叶绣线菊、日本绣线菊。

[科属] 蔷薇科，绣线菊属。

[形态特征] 灌木，高1～1.5m；小枝棕红色或棕黄色，有柔毛或脱落近无毛。叶片矩圆形至矩圆状披针形，长5～10cm，宽1.5～4cm，先端尖，基部楔形，边缘有尖锐重锯齿，两面无毛，上面有皱纹，下面苍绿色；叶柄长3～5mm。复伞房花序生于当年枝的顶端，直径4～8cm；花淡红至深红色，直径4～6mm；萼筒及裂片外面有柔毛；花瓣卵形至圆形。蓇葖果无毛。

[分布] 原产日本和朝鲜半岛等地，我国陕西、山东、安徽、江苏、浙江、江西、湖北、四川、云南、贵州都有分布。

[生态习性] 生于山坡、田野或杂木林下，在海拔700～3000m处均有。花期5～9月。

[繁殖] 常用播种或分株法繁殖。

[用途] 本种的叶形常见有光叶、渐尖和无毛等变种。花美丽，花期又长，在园林中用途广泛。根、叶及果入药，能清热止咳，根治咽喉肿痛。

图82　缫丝花

图83　麻叶绣线菊

图84　粉花绣线菊

61

图 85　李叶绣线菊

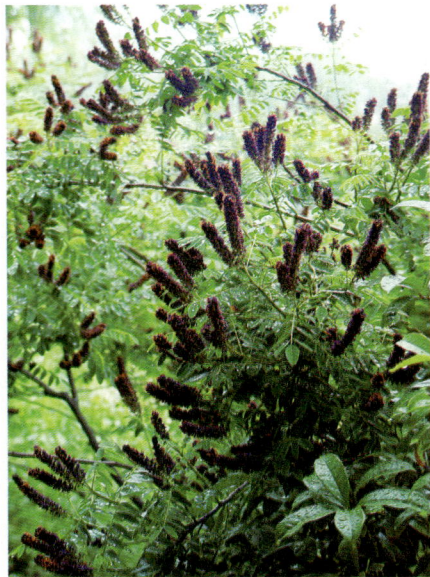

图 86　紫穗槐

**李叶绣线菊**　*Spiraea prunifolia* Sieb．et Zucc．

[别名] 笑靥花。

[科属] 蔷薇科，绣线菊属。

[形态特征] 落叶灌木，小枝细长，稍有棱，幼时被柔毛，后渐脱落。叶片卵形至长圆状披针形，先端急尖，基部楔形，边缘有细锐单锯齿，幼时两面微被短柔毛；叶柄被短柔毛。伞形花序有花3～6朵，无总花梗，基部有小形叶片数枚；花重瓣，白色。菁葖果。

[分布] 分布在我国陕西、湖北、山东、江苏、浙江、江西、安徽、贵州、四川等地。

[生态习性] 喜温暖湿润气候，耐瘠薄、耐半阴、较耐寒。对土壤要求不严。花期4～5月。

[繁殖] 播种、扦插、分株繁殖均可。

[用途] 本种枝叶繁茂，玉花攒聚，可丛植于池畔、山坡、草坪等处，是早春的优良的观赏花木之一。

**紫穗槐**　*Amorpha fruticosa* L．

[别名] 椒条、紫花槐、紫翠槐

[科属] 豆科，紫穗槐属。

[形态特征] 丛生性落叶灌木。枝直立，黄褐色，有韧性。奇数羽状复叶，有小叶11～25片，叶片长卵形或长椭圆形，有透明油点和小托叶。总状花序顶生；花小，蓝紫色，稀淡蓝花与白花，花药黄色。荚果短镰刀状，深褐色；内有种子一枚。

[分布] 原产北美东部，现广泛栽培于我国东北、华北、西北及长江流域。

[生态习性] 喜光，耐寒，瘠薄碱性土亦能生长。花期5～6月，果期7～9月。

[繁殖] 种子繁殖或扦插繁殖，播种时可连荚播入。

[用途] 耐旱耐涝，耐瘠薄及轻度盐碱，常栽培于荒坡、铁路、公路两旁或沟渠两岸，是优良的固土护坡植物。园林中可孤植观赏。还可将其枝条编成活的垣篱起防护作用。

**直立黄芪**　*Astragalus adsurgens* Pall.

[别名] 地丁、沙打旺、紫木黄芪。

[科属] 豆科，黄芪属。

[形态特征] 多年生草本。茎直立。羽状复叶有小叶7～23枚，小叶卵圆形，叶面有白色丁字毛；托叶三角形。总状花序腋生成短穗状；花萼筒状；花冠紫色或紫红色。荚果圆筒形，有黑色丁字毛。

[分布] 我国东北、内蒙古、河北、山西、河南、陕西等地。

[生态习性] 抗旱、耐寒，耐瘠薄，防风，抗沙，适应性强，常生长在山坡、草地、沟边、沙质地或草原上。

[繁殖] 播种繁殖，可当年开花。

[用途] 本种根系强大、枝叶繁茂，对沙荒土有改良功能，是一种优良的保土、护坡地被植物；也可以作灰钙土的指示植物。

**云实**　*Caesalpinia decapetala* (Roth) Alst.

[别名] 药王子、牛王刺。

[科属] 豆科，云实属。

[形态特征] 落叶攀缘灌木，全体散生倒钩状皮刺。二回羽状复叶，羽片3～10对；小叶14～30枚，长椭圆形，顶端钝圆，基部圆形，微偏斜。总状花序顶生；花梗细瘦；花瓣5枚，稍不相等，黄色，有光泽。荚果长椭圆形，木质，有喙，沿腹缝开裂，内有种子6～9粒。

[分布] 分布于长江以南各省区；亚洲热带其他地区也有广泛分布。

[生态习性] 喜光，喜温暖湿润气候，稍耐阴，不耐干旱。常生于山坡岩旁或灌丛中，以及平原、丘陵、山间、河旁等。花期4～5月，果期8～10月。

[繁殖] 播种育苗或无性繁殖。

[用途] 本种可供观赏，也可以作绿篱。是一种可以用于边坡绿化的乡土植物。果壳、茎皮含单宁；种子可榨油；茎、根及果可供药用。

图87　直立黄芪

图88　云实

图89 锦鸡儿

图90 马棘

## 锦鸡儿 *Caragana sinica* (Buch.) Rehd.

[别名] 娘娘袜、金雀花、金雀锦鸡儿。

[科属] 豆科，锦鸡儿属。

[形态特征] 落叶灌木，小枝有棱，无毛。一回羽状复叶有小叶4枚，上面一对通常较大；小叶倒卵形或长圆状倒卵形，先端有短尖，托叶硬化成针刺；叶轴脱落或宿存或先端变成刺状。花单生叶腋；花梗有关节；萼钟状，基部偏斜；花冠黄色带红色。荚果稍扁，无毛。

[分布] 原产我国，分布广及华东、华南、西南和华北等地。

[生态习性] 喜光，抗旱、耐瘠薄，萌发力强，忌水涝。常生于山坡、灌丛或路旁。花期4～5月。果期5～8月。

[繁殖] 用种子繁殖，扦插、分株也可。

[用途] 花美丽，可作庭院观赏地被植物和制作盆景的材料。根系发达，具根瘤，可以作水土保持或绿肥之用。花和根皮可供药用。

## 马棘 *Indigofera pseudotinctoria* Mats.

[别名] 狼牙草、野兰枝子、野绿豆。

[科属] 豆科，木蓝属。

[形态特征] 小灌木。枝上有丁字毛，羽状复叶有小叶7～11枚，小叶片椭圆形、倒卵形或倒卵状椭圆形，先端圆或微凹，有短尖，基部圆楔形，全缘。总状花序腋生，常长于复叶，花密集；总花梗短于叶柄；花密生；花冠淡红色至紫红色。荚果线状圆柱形。种子长圆形。

[分布] 分布于华北、华东、华南、西南等地，日本也有。

[生态习性] 耐旱、耐寒、耐瘠薄。常生于山坡林缘、灌丛、溪边或草坡上。花期7～8月，果期9～11月。

[繁殖] 用播种法繁殖。自播能力很强，当年就能开花。

[用途] 根系发达，具根瘤，可以作绿肥；花色鲜艳，可作为大地绿化的好材料，具较强的水土保持能力，近年来广泛用于边坡绿化。根可供药用。

鸡眼草 *Kummerowia striata* (Thunb.) Schindl.

[科属] 豆科，鸡眼草属。

[形态特征] 一年生草本；茎平卧，常铺地分枝，茎和分枝上有白色下向的细毛。叶互生，3小叶；小叶长椭圆形或倒卵状长椭圆形，主脉和叶缘疏生白色毛；托叶长卵形，宿存。花1～3朵腋生；萼钟状，深紫色；花冠淡红色。荚果卵圆形，通常较萼稍长或等长，有细毛。

[分布] 分布于我国东北三省、河北、江苏、福建、广东、湖南、湖北、贵州、四川、云南等省，越南、朝鲜、日本、北美洲也有分布。

[生态习性] 生于山坡、路旁、田边、林边和林下的杂草丛中。花期8～9月。

[繁殖] 播种育苗或自播繁殖。

[用途] 本种是常见的野生地被，不但有利于水土保持，还可以作饲料和绿肥。全草可供药用，有利尿通淋、解热止痢之效。

胡枝子 *Lespedeza bicolor* Turcz.

[别名] 二色胡枝子、随军粮。

[科属] 豆科，胡枝子属。

[形态特征] 直立灌木。3小叶，小叶卵形、倒卵形或卵状长圆形，先端圆钝或微凹，基部圆形或宽楔形，下面疏生短伏毛。总状花序腋生，花序轴长于复叶，在枝条顶端形成大型、疏松的圆锥花序；萼杯状；蝶形花冠红紫色。荚果斜卵形或长圆形。

[分布] 分布于我国东北、内蒙古、河北、山西、陕西、河南和华东地区，朝鲜、前苏联西伯利亚和日本也有。

[生态习性] 喜光耐阴，耐寒、耐旱，亦耐水湿，也耐瘠薄的土壤。生于向阳山坡、山谷、林缘或灌丛中，花期8～10月，果期10～11月。

[繁殖] 用种子繁殖。

[用途] 根系发达，具根瘤，可以作绿肥；花色鲜艳，可作为庭园观赏和大地绿化之用；植株耐干旱贫瘠，水土保持能力强，近年来广泛用于边坡绿化。根为清热解毒药，可治蛇伤。

图91　鸡眼草

图92　胡枝子

**百脉根** *Lotus corniculatus* L.

[别名] 牛角花、五叶草。

[科属] 豆科，百脉根属。

[形态特征] 多年生草本，可作一年生栽培。植株低矮。奇数羽状复叶，5枚小叶中的2枚小叶生于叶柄基部，另3枚小叶生于叶柄顶端。花3～4朵排列成伞形花序，基部具3片叶状总苞，花冠黄色。荚果长圆柱形。种子肾形，绿色，多数。

[分布] 原产欧洲、中亚及北非，现在我国湖北、湖南、四川、云南、贵州、广西、陕西、甘肃等地已自然驯化。

[生态习性] 喜温暖湿润气候，喜阳光，耐贫瘠，但忌高温。在山坡草地或田间湿润处生长良好。花期5～7月，果期7～9月。

[繁殖] 通常用播种法繁殖。

[用途] 是一种野生地被，常生长于岩石园、土坡，适宜作山坡地的固土植物。茎、秆也可作优良的绿肥和牧草。

**紫花苜蓿** *Medicago sativa* L.

[别名] 苜蓿、紫苜蓿、蓿草。

[科属] 豆科、苜蓿属。

[形态特征] 多年生草本，多分枝。三出羽状复叶，小叶倒卵形，顶端圆，中肋稍凸出，两面具柔毛；托叶披针形，具柔毛。总状花序腋生；花冠紫色。荚果螺旋形，内有种子数枚。种子肾形，黄褐色。

[分布] 原产北美，现世界各国均有栽培。

[生态习性] 适应性强，抗旱、耐寒，耐瘠薄，忌积水；喜温暖半干旱气候。小苗期生长慢，长成后枝叶繁茂。

[繁殖] 种子繁殖。根茎可分生茎芽，达数十至数百个。

[用途] 枝叶繁茂，根系发达，有较好的防止冲刷和拦截水流作用。本种的花期长，根瘤具固氮能力，可用作绿肥或饲料，是大地绿化的优良草种。

图93　百脉根

图94　紫花苜蓿

图95 葛藤

**葛藤** *Pueraria lobata* (Willd.) Ohwi.

[别名] 野葛。

[科属] 豆科，葛属。

[形态特征] 缠绕藤本。全株有黄色长硬毛。块根肥厚。叶为三出复叶，顶生小叶为菱状卵形，顶端渐尖，边缘有时浅裂，下面有粉霜；侧生小叶偏斜，边缘深裂；托叶盾形。总状花序腋生；花密生；蝶形花冠，紫红色。荚果线形，密生黄色长硬毛。

[分布] 我国除新疆和西藏外分布几遍全国。

[生态习性] 性喜阳。多生长在山坡或疏林中。

[繁殖] 分蘖性强，除用分根法繁殖外，很容易用压条或扦插法繁殖。

[用途] 植物体伏地或缠绕生长，蔓延很广，是一种良好的水土保持植物。叶可作牧草，用其块根制作的葛粉是一种很好的保健食品。但过度蔓延生长会对其他植被造成侵害。

**苦参** *Sophora flavescens* Ait.

[别名] 地槐、苦骨、山槐子、地骨。

[科属] 豆科，槐属。

[形态特征] 多年生草本或半灌木。外皮有刺激性气味，味极苦而持久。奇数羽状复叶，有小叶11～35枚，小叶片披针形至线状披针形，稀椭圆形。总状花序顶生，花多数；花萼钟状，花冠黄白色。花味苦。荚果革质，线形。种子卵圆形，棕褐色。

[分布] 我国南北各地均有分布。日本、朝鲜及前苏联西伯利亚也有。

[生态习性] 本种的适应性很强，对土壤要求不严；常见于沙地、向阳坡地，草丛、溪边和路边等处。花期5～7月，果期7～9月。

[繁殖] 用播种或分株法繁殖。

[用途] 本种的适应性、抗逆性强，可用来防治侵蚀和作荒漠地被。根可供药用。茎皮纤维可用来编织麻袋。

图96 苦参

图 97　白三叶

**白三叶**　*Trifolium repens* L.

[别名] 白车轴草。

[科属] 豆科、车轴草属。

[形态特征] 多年生草本。茎匍匐，无毛。掌状复叶具3小叶，小叶倒卵形至近倒心形，基部楔形，托叶椭圆形、抱茎。头状花序，有长于叶的总花序梗；花冠白色，稀黄白色或淡红色。荚果倒卵状长圆形。种子褐色，近球形。

[分布] 原产欧洲，在我国黑龙江、新疆、贵州、云南等地有自然分布，广为栽培。

[生态习性] 喜温暖湿润气候，耐酸性强，不耐高温和干旱。茎尖端能分泌化学物质，扩展力大，若侵入禾本科草坪，极难清除。花期5月，果期8月。

[繁殖] 分蘖能力和自播能力均强，播种或无性繁殖。

[用途] 根系发达，开花期长，覆盖效果好，是常见的庭园地被，也是防治侵蚀和护坡的好材料。茎叶也可以作饲料和绿肥。

**救荒野豌豆**　*Vicia sativa* L.

[别名] 大巢菜、箭叶豌豆。

[科属] 豆科，野豌豆属。

[形态特征] 一年生草本植物。茎细弱，具棱。偶数羽状复叶有小叶6～14枚；叶轴顶端有分枝卷须；小叶片线状、倒卵状长圆形或倒披针形，先段截形或微凹，具小尖头，基部楔形。花1～2朵腋生，总花梗极短，蝶形花冠紫红色，子房被微柔毛，有短柄。

[分布] 分布于北温带和南美，我国南方各省、区均有分布。

[生态习性] 本种耐热、耐寒，喜光和肥厚的土壤。花期3～6月，果期4～7月。

[繁殖] 常以种子自播繁殖。

[用途] 是一种广泛分布的野生地被植物。茎叶均可作饲料和绿肥，种子可用于救荒。

图 98　救荒野豌豆

**紫藤**　*Wisteria sinensis* (Sims) Sweet

[别名] 朱藤、藤蔓、藤萝。

[科属] 豆科，紫藤属。

[形态特征] 落叶攀缘灌木，小枝淡褐色至赤褐色，有细棱。单数羽状复叶，有小叶7～13枚，叶片卵状长圆形至卵状披针形。总状花序腋生，下垂，花大形，花冠蓝紫色。荚果木质，坚硬，上面密被黄色绒毛；内有种子数颗。

[分布] 原产我国华北、华东、长江流域及两广等地，现国内外均有栽培。

[生态习性] 生长势强，喜光和排水良好土

壤。花期4～5月，果期9～10月。

　　[繁殖] 播种育苗、扦插、压条、分株均可。

　　[用途] 本种花极美丽,在庭园绿化和棚架遮荫等垂直绿化中使用很广，也可在边坡治理时应用，以解决垂直立面的绿化困难，有较明显的效果。

图99　紫藤

## 酢浆草　*Oxalis corniculata* L.

　　[别名] 老鸭嘴、满天星。

　　[科属] 酢浆草科，酢浆草属。

　　[形态特征] 多年生草本植物。茎匍匐或斜生，多分枝，无鳞茎。掌状三出复叶互生，叶柄细长，被柔毛；小叶倒心形，无柄。花一至数朵组成腋生的伞状聚伞花序，总花梗与叶柄等长或长得多；花黄色。蒴果近圆柱形，被短柔毛。种子小，扁圆形，黑褐色。

　　[分布] 全世界温带及热带地区均有分布；我国南北各地都有。

　　[生态习性] 常生于房前屋后、田边旷地。体态随水肥条件变化极大。花果期4～8月。

　　[繁殖] 播种育苗或用分株、扦插等法繁殖。

　　[用途] 本种为野生地被植物，管理粗放，可作大地绿化和防止水土流失用。茎、叶含草酸，可作打磨剂；全草还可入药。园林中已有少量使用。

## 多花酢浆草　*Oxalis martiana* Zucc.

　　[别名] 酸味草、铜锤草。

　　[科属] 酢浆草科，酢浆草属。

　　[形态特征] 多年生草本；鳞茎状块茎，肉质，无地上茎。植株簇生。掌状三出复叶基生；小叶片阔倒心形，宽大于长，基部楔形，下面被毛，边缘散生橙黄色小腺点；叶柄长，有疏柔毛；小叶无柄。伞房花序呈复伞状，有5～10朵花；花紫红色。蒴果短角果状。

　　[分布] 原产南美热带地区，世界各地均有栽培。有些地方已逸为田间杂草。

　　[生态习性] 喜温暖湿润的气候条件和充足的阳光,对土壤的要求不严。花在白天和晴天开放,

图100　酢浆草

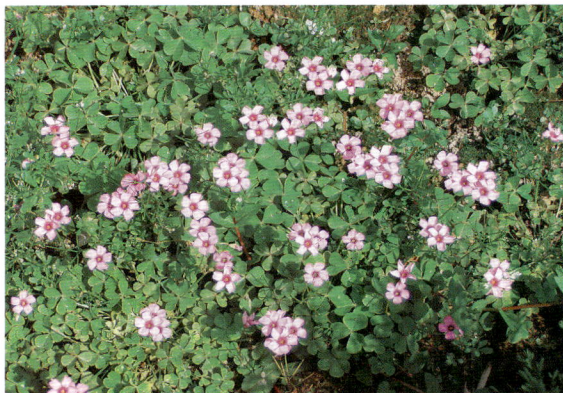

图101　多花酢浆草

阴雨天和夜间闭合。花期4～11月。

[繁殖] 以鳞茎进行分株繁殖，四季可以进行，能迅速成活。有些地方已成田间杂草。

[用途] 本种红花绿叶相互映衬，十分美丽；宜用来布置草坪及花坛边缘和图案、布置花境及用作大面积的地面绿化覆盖。在坡地、台阶等处种植可防水土流失。全草入药，有清热、消肿之效。

## 天竺葵 *Pelargonium hortorum* Bailey

[别名] 入腊红、洋绣球、洋蝴蝶。

[科属] 牻牛儿苗科，天竺葵属。

[形态特征] 多年生直立草本或亚灌木。茎肉质，基部木质，多分枝，有强烈鱼腥气。叶互生，圆肾形，基部心脏形，边缘有波状浅裂，叶片上有暗红色马蹄形环纹；叶柄长；托叶卵形。伞形花序顶生，具总苞，花序梗长；花多数；花瓣红色、粉红色、白色。蒴果。

[分布] 原产非洲南部，我国各地均有栽培。

[生态习性] 喜阳光和温暖气候，不耐寒，也不耐暑热，日照不足则开花不良。要求肥沃和排水良好的土壤。花期极长，从春到秋开花不断。

[繁殖] 每年2～3月份开始采用茎插法繁殖。5月以后扦插成活率降低。

[用途] 本属有马蹄纹天竺葵(P.zonale)、大花天竺葵(P.domesticum)、香叶天竺葵(P.graveolens)等种。庭园中可用来布置花坛和盆花群，作原野地被也可。

## 盾叶天竺葵 *Pelargonium peltatum* (L.) Ait.

[别名] 蔓生天竺葵、藤本天竺葵。

[科属] 牻牛儿苗科，天竺葵属。

[形态特征] 蔓生，茎较天竺葵为细弱，节甚膨大，节间长，有短硬毛；老枝棕色，嫩枝绿色或具红晕。单叶互生，叶片五角状盾形，光滑，厚革质，边缘具细齿；具长叶柄及明显的托叶。伞形花序，有花4～8朵，花有深红、粉红及白色。

[分布] 原产非洲好望角。现我国各地均见栽培。

[生态习性] 喜光，较耐阴；喜温暖，忌寒冷；不耐水湿。喜疏松、排水良好的土壤条件。花期夏季，在温室中冬季也能开花。

[繁殖] 一般用扦插法繁殖。

[用途] 宜盆栽观赏，可用来布置居室、会场，也可用来布置盆花群。

图 102　天竺葵

图 103　盾叶天竺葵

图104 旱金莲

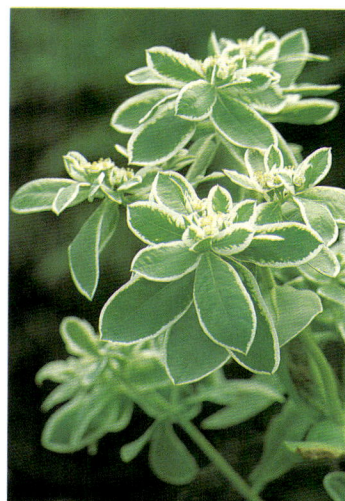

图105 银边翠

旱金莲　*Tropaeolum majus* L.

　　[别名] 金莲花。

　　[科属] 金莲花科，金莲花属。

　　[形态特征] 一年生蔓性肉质草本，光滑无毛。叶互生，叶片近圆盾形，边缘有波状钝角；叶柄长，盾状着生于叶背近中心处。花单生叶腋，有长柄；5枚萼片的基部合生，其中1片延长成距；花瓣5枚，大小稍不等，黄色或桔红色。果实成熟时裂成3个肉质的分果，每室有种子1枚。

　　[分布] 原产南美洲，我国各地均有栽培。

　　[生态习性] 喜光，喜温暖湿润气候，不耐干旱和瘠薄，要求排水良好、肥沃的土壤，耐寒性差，在长江流域，冬季要进温室过冬。花果期3～11月。

　　[繁殖] 播种育苗或用分株、扦插等法繁殖。种子萌发力强，能自播繁衍。

　　[用途] 本种花大色艳，形态奇特，可布置花坛、花境，也可作地面覆盖物或作岩石园之点缀，盆栽或悬挂观赏亦佳。

银边翠　*Euphorbia marginata* Pursh.

　　[别名] 高山积雪。

　　[科属] 大戟科，大戟属。

　　[形态特征] 一年生或二年生草本，全株被柔毛或无毛。茎直立，叉状分枝。茎下部的叶互生，卵形至长椭圆形或椭圆状披针形，顶端的叶轮生，叶缘白色或全叶白色。杯状花序生于分枝上部叶腋，总苞杯状，密被短柔毛，顶端4裂，裂片间有4个腺体。蒴果扁球形。种子灰褐色。

　　[分布] 原产北美洲。我国南北各地公园及庭园都有栽培。

　　[生态习性] 耐热性强，要求肥沃和排水良好的土壤，但不耐寒。花果期6～9月。

　　[繁殖] 播种育苗或用分株、扦插等法繁殖。能自播，属直根系植物，不耐移栽。

　　[用途] 本植物叶片边缘呈银白色，与绿色相映，宛如高山积雪，十分美丽。适合与色彩浓艳的植物配植作花坛、花境材料。盆栽或切花欣赏也可。

**冬青卫矛** *Euonymus japonicus* L.

[别名] 大叶黄杨、正木。

[科属] 卫矛科，卫矛属。

[形态特征] 常绿灌木或小乔木。小枝稍呈四棱形，青绿色。叶倒卵形或狭长椭圆形，边缘有钝齿，表面有光泽。聚伞花序顶生或腋生；花绿白色。蒴果扁球形，淡红色；种子具橘红色假种皮。

[分布] 原产日本，我国各地均有栽培。

[生态习性] 阳性树种，喜光耐阴，要求温暖湿润的气候和肥沃的土壤条件。适应性强，较耐寒，耐干旱瘠薄，极耐修剪整形。

[繁殖] 以扦插繁殖为主，也可播种或嫁接。

[用途] 叶色洁净有光泽，新叶尤其嫩绿可爱。耐整形剪扎，是园林中常见的绿篱材料和整形植株材料。抗污染，抗烟尘，是污染地区和厂区绿化的优良地被植物。

图 110 冬青卫矛

图 111 凤仙花

**凤仙花** *Impatiens balsamina* L.

[别名] 指甲花、急性子。

[科属] 凤仙花科，凤仙花属。

[形态特征] 一年生草本。茎肉质，直立而粗壮。叶互生，叶片披针形，顶端渐尖，基部楔形，边缘有锐锯齿；叶柄两侧具数对腺体。花单生或簇生；花冠粉红色或杂色，单瓣或重瓣；萼片3枚，其中一枚呈花瓣状，基部延生成距；花瓣5枚，两侧对称。蒴果纺锤形，密生白茸毛。种子多数。

[分布] 原产中国南部、印度及马来西亚一带，世界各地均有栽培。

[生态习性] 喜阳光充足、温暖潮湿的环境条件；不耐炎热，耐瘠薄，最宜在疏松肥沃、排水良好的酸性土壤中生长。花果期6~9月。

[繁殖] 蒴果成熟时能裂成5个旋卷的果瓣，同时将种子弹出。自播繁殖容易。

[用途] 栽培容易、花色丰富、花形多样，适于布置花坛、花境、花篱或自然丛植。种子又称"急性子"，入药有活血散瘀、利尿解毒等效。

异叶爬山虎　*Parthenocissus dalzielii* Gagnep.

[科属] 葡萄科，爬山虎属。

[形态特征] 落叶木质藤本；茎卷须短而分枝，顶端有吸盘。叶异形，不育枝上的叶为单叶，心形，较小，边缘有疏牙齿；能育枝上的叶具长柄，三出复叶，中间小叶长卵形，顶端渐尖，基部宽楔形或近圆形，侧生小叶斜卵形，厚纸质，边缘有小齿或近全缘。聚伞花序生于枝条上部叶腋；花小，黄白色。浆果球形，熟时紫黑色。

[分布] 原产我国东部和南部，分布于湖北、安徽、浙江、湖南、江西、福建、广东；越南，印度尼西亚也有。

[生态习性] 喜光、喜温暖及湿润气候；耐半阴、耐高温、耐寒，但不耐干旱。常以吸盘攀缘于岩石上。花期6月，果期10月。

[繁殖] 常用分株、扦插法繁殖，用播种育苗繁殖也可。

[用途] 本种繁殖容易，生长迅速。常用作岩坡、墙面和建筑物表面的垂直绿化材料。

图112　异叶爬山虎

图113　爬山虎

爬山虎　*Parthenocissus tricuspidata* (Sieb. et Zucc.) Planch.

[别名] 爬墙虎、地锦。

[科属] 葡萄科，爬山虎属。

[形态特征] 木质藤本。枝条粗壮，多分枝，卷须短，顶端分枝，并扩大成吸盘。叶宽卵形，通常3裂，叶缘有粗锯齿。聚伞花序通常生于两叶之间的短枝顶端。浆果蓝黑色。

[分布] 原产我国及日本，在吉林至广东的广大区域内均有分布，在园林中使用普遍。

[生态习性] 喜温暖，稍耐阴；喜向阳，忌辐射和高温；对土壤要求不严；生长势和抗逆性强。花期6月，果期10月。

[繁殖] 以扦插繁殖为主。

[用途] 作岩坡、墙面和建筑物表面的垂直绿化材料，也可用来覆盖侵蚀地。秋叶红色，十分美丽。

图 114 冬红茶梅

图 115 金丝桃

## 冬红茶梅 *Camellia hiemalis* Nakai

[别名] 茶梅。

[科属] 山茶科，山茶属。

[形态特征] 常绿灌木。枝多分叉，幼枝有毛。叶片椭圆形、长圆形至长椭圆形，先端渐尖或急尖，缘有齿，基部楔形或钝圆，表面绿色有光泽。花顶生或腋生，无柄；有白、粉红及玫瑰红等；花瓣基部分离。蒴果木质，球形，内有2~3粒种子。

[分布] 分布于我国浙江及东南各省，日本也有栽培。

[生态习性] 性强健，喜光，温暖、湿润，富腐殖质的酸性土，稍抗旱。花期12月至来年2月；果期9~10月。

[繁殖] 用播种、扦插或嫁接等法。

[用途] 本花植株低矮，开花繁多，有香气，且有多个园艺品种，故在园林中广为利用。可用作花坛、花篱或基础种植，是一种优良的木本地被植物。

## 金丝桃 *Hypericum monogynum* L.

[别名] 金丝海棠、土连翘、照月莲。

[科属] 藤黄科，金丝桃属。

[形态特征] 常绿或半常绿小灌木，全株光滑无毛。茎多分枝，小枝对生，红褐色；叶对生，纸质，叶片长椭圆形，顶端钝尖，基部渐狭，全缘，稍抱茎，几无柄。花单生或组成顶生的聚伞花序。花金黄色，雄蕊多数，基部合生成多体，花丝长于花瓣。蒴果卵圆形。

[分布] 原产我国，在华东、华中、华南西南及陕西，河北等地均有分布，各地园林常见栽培。

[生态习性] 喜光照，稍耐阴；喜温暖湿润环境，忌积水，稍耐寒。花期6~7月，果期8月。

[繁殖] 播种育苗，或以扦插、分枝等法繁殖均可。

[用途] 植株低矮，花色鲜艳夺目，在园林坡地中群植、丛植均佳，可用来布置花坛、花境，是一种常见的观赏地被。

**金丝梅** *Hypericum patulum* Thunb. ex Murray

[别名] 芒种花、云南连翘。

[科属] 藤黄科，金丝桃属。

[形态特征] 半常绿灌木，小枝拱曲，红色或暗褐色，有2棱。叶对生，卵形、卵状披针形或长卵形，全缘，顶端尖或钝，基部渐狭或圆形，上面绿色，下面淡粉绿色，散生稀疏油点。花单生或成聚伞花序；花瓣5枚，近圆形，金黄色；雄蕊结合成多体，花丝短于花瓣。蒴果卵形。

[分布] 分布于我国陕西、四川、云南、贵州、江西、湖南、湖北、安徽、江苏、浙江及福建等省。

[生态习性] 喜温暖湿润环境，忌积水，稍耐寒；常生于山坡、山谷林下或灌丛中。花期5~6月，果期7~8月。

[繁殖] 播种育苗或用分株、扦插等法繁殖。

[用途] 是我国优良的观赏地被之一。丛植、群植于草地、花坛边缘或道路的转角处或作花境观赏均宜。根还可药用。

**紫花地丁** *Viola philippica* Cav.

[别名] 地丁草、野堇菜、光瓣堇菜。

[科属] 堇菜科，堇菜属。

[形态特征] 多年生草本，主根粗而长。叶多数，基生，叶形多变，长椭圆形、三角状卵形或广披针形，先端圆钝，基部截形或心形，边缘有浅圆齿。花两侧对称，具长柄；萼片基部成长圆形或半圆形附器；花瓣5片，堇紫色或淡紫色，稀白色。距长囊形。蒴果椭圆形。

[分布] 分布于我国东北、华北、华东、西南等地。朝鲜，日本，前苏联远东地区也有。

[生态习性] 生于田间、荒地、山坡草丛、灌丛或林缘，常在庭园较湿润处形成小群落。花果期4月中下旬到9月。

[繁殖] 以根状茎或种子进行繁殖。

[用途] 本种植物的花期长，适应性强，是大地绿化的良好地被材料。全草还可药用，有清热解毒的功效。

图116 金丝梅

图117 紫花地丁

图118 三色堇

## 三色堇 *Viola tricolor* L.

[别名] 蝴蝶花、猫儿脸、鬼脸花。

[科属] 堇菜科，堇菜属。

[形态特征] 一年生草本，无毛；茎直立。基生叶有长柄，叶片近圆心形；茎生叶卵状长圆形或长圆状披针形，边缘疏生圆钝锯齿；托叶大，基部羽状深裂。花大型，通常有紫、黄、白三种颜色；花梗长，从叶腋生出；萼片基部

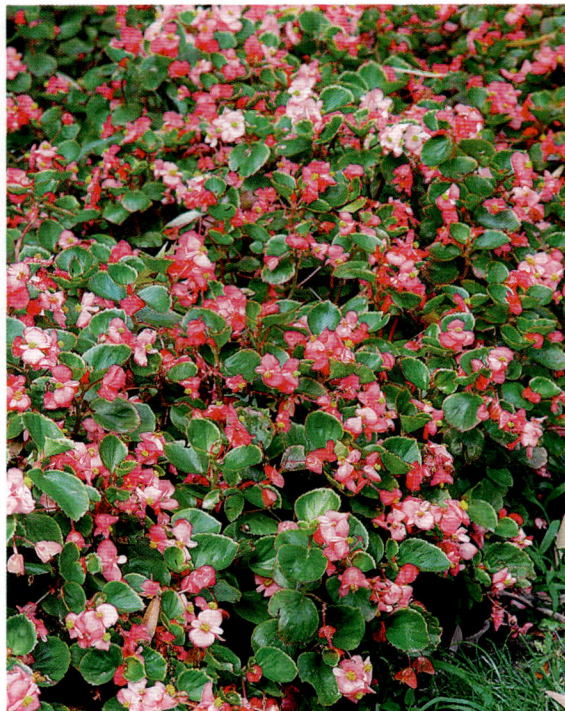

图119 四季海棠

延长成附属物；假面状花冠，花瓣覆瓦状排列，最下一枚较大，具短而钝的距。蒴果椭圆形，3瓣裂。

[分布] 原产欧洲西南部，我国各大城市有栽培。

[生态习性] 喜凉爽环境；耐寒，也耐半阴；要求肥沃、湿润的土壤；夏季发育不良。花期4～6月，花期5～7月。

[繁殖] 播种繁殖为主，也可以用扦插繁殖。

[用途] 三色堇植株低矮，花形奇特，花色品种繁多，开花早，花期长，是布置早春花坛、庭园和盆栽的好材料。盆栽欣赏也可。

## 四季海棠 *Begonia cucullata* Willd.

[别名] 瓜子海棠、四季秋海棠。

[科属] 秋海棠科，秋海棠属。

[形态特征] 多年生肉质草本，根纤维状；茎直立，肉质，基部多分枝。叶互生，卵形或宽卵形，基部略偏斜，边缘有锯齿和睫毛，有光泽，绿色，主脉通常微带红色。花淡红色或带白色，数朵聚生于腋生的总花梗上，花被片4～5枚。蒴果初时绿色，熟时淡褐色。

[分布] 原产巴西；我国各地广为栽培。

[生态习性] 喜温暖潮湿和半阴的环境，忌干燥和水涝，在疏松、富有腐殖质的土壤条件下生长良好。一年四季能开花不断。

[繁殖] 用播种、分株和扦插法繁殖均可。叶插繁殖也容易成活。

[用途] 能四季开花不断，故适合用来布置花坛、花境，盆栽作室内欣赏也可。

**秋海棠**　*Begonia evansiana* Andr.

[科属] 秋海棠科，秋海棠属。

[形态特征] 多年生草本，有球形的块茎；茎直立，上部分枝，光滑。叶片宽卵形，顶端渐尖，基部偏心形，边缘尖波状，有细尖齿，叶背和叶柄紫红色。聚伞花序生于上部叶腋；花大，淡红色，雌雄同株异花。蒴果具3翅，其中一翅通常较大。

[分布] 分布于我国长江以南各省区及山东、河北，日本也有。野生或栽培。

[生态习性] 生于潮湿的林下沟谷和岩上，喜温暖气候，忌阳光直射，怕干旱和水涝，较耐寒。8~9月开花。

[繁殖] 播种育苗或用分株、扦插等法繁殖。

[用途] 花可供观赏。园林中可用来配置阴湿地，点缀于树荫下、岩石旁；也可布置花坛、花境。全草及块茎药用，有健胃、止血、消肿、驱虫之效。

**结香**　*Edgeworthia chrysantha* Lindl.

[别名] 黄瑞香、三桠、打结花、雪里开。

[科属] 瑞香科，结香属。

[形态特征] 落叶灌木。枝条粗壮，棕红色，常呈三叉状分枝，具皮孔。叶互生，常簇生于枝顶，叶片纸质，椭圆状长圆形至椭圆状倒披针形，先端急尖或钝，基部楔形而下延，全缘，有毛。头状花序下垂；总花梗粗短，下弯；花黄色，无梗，具芳香；花被筒状，有绢毛。核果卵形。

[分布] 分布于我国河南、陕西、长江流域及以南各省区，各地常有栽培。

[生态习性] 温带树种，喜半阴，耐日晒，忌积水，宜生长于排水良好的肥沃土壤。花期3~4月，果期8~9月。

[繁殖] 根蘖容易，故常用分株法繁殖；扦插和压条也可。

[用途] 适宜于孤植、丛植、列植于庭园、道旁、墙隅或点缀山石，是南方园林传统的芳香类园林花木。树皮可造纸和人造棉；全株入药，有舒筋接骨、消肿止痛之效。

图120　秋海棠

图121　结香

## 金边胡颓子 *Elaeagnus pungens* Thunb. var. *aurea*

[科属] 胡颓子科，胡颓子属。

[形态特征] 常绿直立灌木，枝开展，通常具棘刺，刺顶生或腋生；小枝褐锈色，被鳞片。叶革质，椭圆形、宽椭圆形或长圆形，两端钝形或基部圆形，全缘，常微反卷或多少皱波状，边缘深黄色，背面银白色，被褐色鳞片。花银白色，下垂，被鳞片。果实椭圆形，被锈色鳞片，熟时红色。

[分布] 分布于我国长江流域以南各省区；日本也有。

[生态习性] 喜光，也耐阴；对土壤要求不严。耐瘠，有一定的耐寒和耐旱力。常生于山坡杂木林中或向阳的溪谷两旁或村边。花期9～12月，盛花期10月，果熟期次年4～5月。

[繁殖] 播种育苗或用分株、扦插等法繁殖。

[用途] 宜配植于花丛或林缘，也可以当绿篱种植，抗污染，是厂区绿化的优良地被。果可食用和酿酒；也可入药。

## 细叶萼距花 *Cuphea hyssopifolia* H.B.K.

[别名] 满天星、神香草叶萼距花、海索草叶萼距花。

[科属] 千屈菜科，萼距花属。

[形态特征] 常绿亚灌木，茎直立，多分枝，小枝红褐色，密被短毛。叶对生，线形或线状披针形。花单生于叶腋；花萼延长成花冠状，有5枚裂片，高脚碟状，紫色、淡紫色或白色；无花冠。蒴果。

[分布] 原产美洲和夏威夷群岛，我国江南各省普遍栽培。

[生态习性] 喜光，喜沙壤土；耐半阴，不甚耐寒。适于在全日照和半日照处栽培。每年春、夏、秋三季开花不断。

[繁殖] 全年均可扦插繁殖。

[用途] 本种叶深绿，有光泽，花多而密，花期又长，可密植于花坛、花境或培植于绿地。盆栽观赏也可。

## 千屈菜 *Lythrum salicaria* L.

[别名] 水柳、水枝柳、对叶莲、败毒草。

图122 金边胡颓子

图123 细叶萼距花

图 124　千屈菜

图 125　赤楠

[科属] 千屈菜科，千屈菜属。

[形态特征] 多年生草本。茎直立，四棱形或六棱形，多分枝。叶对生或三叶轮生，叶片狭披针形或披针形，全缘，无柄，有时基部略抱茎。复穗状花序顶生；花两性，花数朵簇生于叶状苞叶内，花具短梗；花萼管状，稍被粗毛；花瓣6枚，紫红色。蒴果扁圆形，包藏于宿存的萼筒之内。

[分布] 原产于欧亚两洲的温带地区，在我国河北、山西、陕西、河南和四川等地有自然分布，各地园林均有栽培。

[生态习性] 生于水边湿地。喜光、喜湿润及通风良好的环境条件，耐寒力强，对土壤要求不严。能耐碱土和黏土。花果期7～9月。

[繁殖] 利用根芽进行分株或扦插繁殖，用种子繁殖也可。

[用途] 株丛清秀，花色淡雅，穗多花密，花期又长，园林中可作为水生植物栽培于浅水区，布置水景园和湿地，也可盆栽欣赏或用来布置花境。全草入药，有收敛止泻之效。

## 赤楠　*Syzygium buxifolium* Hook．et Arn．

[别名] 山乌珠、黑饭团、赤兰。

[科属] 桃金娘科，蒲桃属。

[形态特征] 灌木或小乔木；嫩枝有棱角。叶对生，叶片革质，椭圆形、倒卵形或狭倒卵形，无毛，侧脉不明显。聚伞花序顶生；花白色；花瓣4枚，分离，逐片脱落；雄蕊多数。浆果球形，紫黑色。

[分布] 分布于我国华东、华南、以及贵州、广西等地；越南，日本也有。

[生态习性] 耐寒、耐干旱，对环境的适应性强。常生于低山丘陵的灌丛、沟边或林下。花期6～8月，果期10～11月。

[繁殖] 用播种法繁殖。

[用途] 是一种庭园和原野地被，也是一种野生的观赏植物。常用来制作盆景。果可食用或酿酒。

图 126 倒挂金钟

图 127 待霄草

**倒挂金钟** *Fuchsia hybrida* Hort ex Sieb. et Voss

[别名] 吊钟海棠、吊钟花、灯笼海棠。

[科属] 柳叶莱科，倒挂金钟属。

[形态特征] 小灌木或灌木状草本。叶对生，卵形，基部近圆形或微心形，叶柄扁平。花两性，生于枝端叶腋，下垂，有长花柄。花萼深红色，萼筒状，萼裂片与萼筒近等长；花冠紫红色，稍短于花萼裂片，雄蕊伸出于花瓣之外；花柱超出于雄蕊之外。浆果球形。种子多数。

[分布] 原产墨西哥、秘鲁、智利和西印度群岛的高山林下，我国各地庭园多有栽培。

[生态习性] 喜凉爽及干燥环境，冬季要温暖和通风，不耐寒，怕水涝，忌夏热。春夏季能开花不断。

[繁殖] 扦插繁殖极容易生根。

[用途] 本种为美丽的花卉，可以作庭园中的观赏地被，也可作盆栽欣赏。

**待霄草** *Oenothera stricta* Ledeb. et Link

[别名] 夜来香、山芝麻。

[科属] 柳叶莱科，月见草属。

[形态特征] 多年生草本。主根发达近木质；茎直立。基部叶丛生，具柄，互生，线状倒披针形，具柄；茎上部的叶披针形或卵状披针形，边缘具不整齐疏锯齿。花单生于叶腋，无柄；花瓣鲜黄色，子房下位。蒴果圆柱形，具4棱，内有种子多数。

[分布] 原产南美洲，我国各地多有栽培，有时逸为野生。

[生态习性] 喜向阳和温暖气候，生长势强，但不耐寒。花于夜间开放。

[繁殖] 播种育苗，也可以自播繁殖。

[用途] 可以作庭园和原野地被。尤宜种植于夏夜纳凉的花丛、小径和湖畔草地。种子可榨油食用，茎皮纤维可用，根可以药用。

八角金盘 *Fatsia japonica* (Thunb.) Dence. et Planch.

[别名] 八手、手树。

[科属] 五加科，八角金盘属。

[形态特征] 常绿灌木。茎直立，常成丛生状。叶革质，近圆形，5～9个掌状深裂，基部心形，边缘有疏离粗锯齿，叶背有黄色短毛，具长柄。伞形花序集成大型圆锥花丛，伞形花序有花多数；花黄白色。果实近球形，熟时紫黑色。

[分布] 原产中国台湾省及日本，现各地园林有栽培。

[生态习性] 喜温暖湿润的气候条件，喜半阴，不甚耐寒，忌干旱、酷热和强光暴晒。在疏松、肥沃和排水良好的土壤中生长良好。花期10～11月。

[繁殖] 播种、扦插和分株繁殖均可。

[用途] 是优良的耐阴性观叶植物，园林中常用来布置庭前、门旁、窗下、水边、建筑物或山林的背阴面。也可盆栽作室内的长期装饰。

常春藤 *Hedera helix* L.

[别名] 欧常春藤、长春藤、洋常春藤、洋爬山虎。

[科属] 五加科，常春藤属。

[形态特征] 常绿攀缘藤本，幼枝具灰色星状柔毛。叶二型，互生，革质，营养枝上的叶3～5裂，表面暗绿色，叶脉带白色，背面苍绿或黄绿色；繁殖枝上的叶卵形、狭卵形或菱形，基部圆形或截形。伞形花序球状，常数个排成总状花序；花黄色。果实圆球形、浆果状，熟时黑色。

[分布] 产于欧洲。我国南北各地普遍引种栽培。

[生态习性] 喜温，是典型的耐阴植物，不能经受强光直射，忌高温多湿，在凉爽湿润的条件下生长良好。稍耐寒。藤往往自上而下生长或匍地生长。花期9～12月，果期次年4～5月。

[繁殖] 扦插为主，也有播种育苗的。

[用途] 园艺品种有银边常春藤（var. *cullisii*）和金边常春藤（var. *marginata*）等上百种。庭园中常用来作垂直绿化材料攀附假山、墙壁、岩石，或作地被物，也可作悬挂欣赏。美国人以结婚时吃常春藤的叶子寓意人生幸福美满。

图128　八角金盘

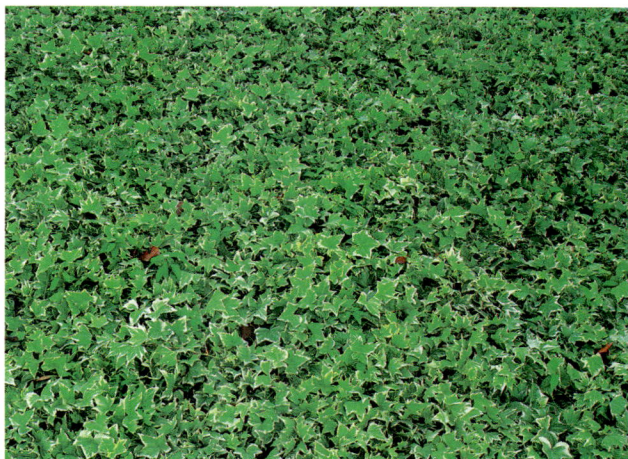

图129　常春藤

## 中华常春藤 *Hedera nepalensis* K. Koch var. *sinensis* (Tobl.) Rehd.

[别名] 常春藤、爬树藤。

[科属] 五加科，常春藤属。

[形态特征] 常绿藤本，茎上有气根，嫩枝有锈色鳞片。叶二型，不育枝上的叶为三角状卵形或戟形，稀三角形；花枝上的叶长椭圆状卵形、椭圆状披针形或披针形。伞形花序单生或由2～7个组成为总状或伞房状。花黄白色或淡绿白色。果实球形，浆果状，熟时红色或黄色。

[分布] 原产我国华中、华南、西南及甘肃、陕西等地。

[生态习性] 喜温暖湿润气候，较耐寒，极耐阴，但也能在全光照下生长。常攀缘于树上、岩石上或墙上。花期10～11月，次年3～5月果熟。

[繁殖] 扦插、播种。压条和分株繁殖也可。

[用途] 气生根在墙上附着力强，常在路边、墙壁、岩石、斜坡上栽培作覆盖地被，可制作成常绿平整的生态墙。

## 花叶青木 *Aucuba japonica* Thunb. ´Variegata´

[别名] 洒金东瀛珊瑚、东瀛珊瑚、金沙树。

[科属] 山茱萸科，桃叶珊瑚属。

[形态特征] 常绿灌木，小枝粗圆，通体无毛。叶长椭圆形，顶端尖锐至渐尖，基部广楔形或圆形，边缘有稀疏锯齿；两面深绿色，有光泽，并有黄色斑点。顶生圆锥花序，雌雄异株，花小，紫褐色。浆果状核果，长圆形，鲜红色。

[分布] 原产我国台湾地区及日本，我国各地常见栽培。

[生态习性] 喜湿润、半阴、排水良好和肥沃的土壤条件。不甚耐寒，华中地区须防寒才能过冬。花期3～5月，果期8～10月。

[繁殖] 播种繁殖或扦插繁殖均可，也可以用实生苗作砧木进行嫁接繁殖。

[用途] 本种植株低矮，叶色美丽，遮地效果良好，故园林中常用来作背阴面的观赏地被，有很高的观赏价值，也可作立交桥下等背阴处的绿化材料。

图130　中华常春藤

图131　花叶青木

图132 羊踯躅

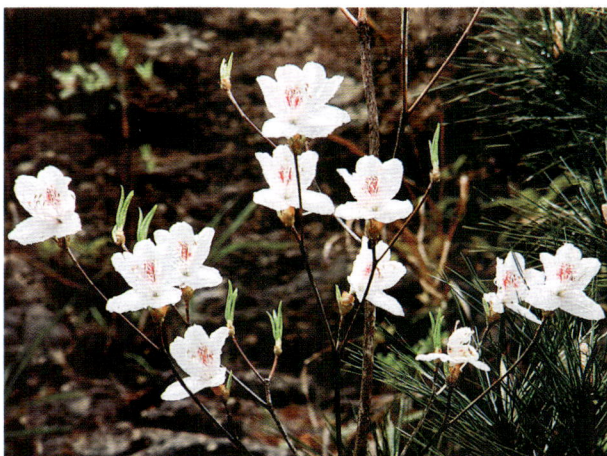
图133 白花杜鹃

## 羊踯躅 *Rhododendron molle* (Bl.) G. Don

[别名] 闹羊花、黄牯牛花。

[科属] 杜鹃花科,杜鹃花属。

[形态特征] 落叶灌木,枝条稀疏,幼枝有柔毛和刚毛。叶纸质,长椭圆形至椭圆状倒披针形,先端急尖或钝,有短尖头,两面有毛。伞形式总状花序顶生,有花5～10朵;花先叶开放或同放;花冠漏斗状,黄色,上侧一枚裂片较大,有淡绿色斑点。蒴果圆柱形长圆形,有柔毛和刚毛。

[分布] 分布于我国华东、华中、华南及西南等省。

[生态习性] 生于山坡疏林或灌丛中,喜酸性土壤。花期4～5月,果期8～9月。

[繁殖] 播种繁殖或营养繁殖均可。

[用途] 本种花大而密集,花色金黄,可种植于林缘、草坪边和岩畔等处作观赏,可为园林增色。植株含羊踯躅毒素,有剧毒,不可误食。花、果入药可作麻醉剂。

## 白花杜鹃 *Rhododendron mucronatum* (Bl.) G. Don

[别名] 毛白杜鹃。

[科属] 杜鹃花科,杜鹃花属。

[形态特征] 半常绿灌木。幼枝有灰褐色柔毛或腺毛;叶二型,春叶纸质,披针形或卵状披针形,早落;夏叶质较厚,长圆状披针形至长圆状倒披针形,宿存。花1～3朵顶生,有香气,花梗密生柔毛,花冠宽钟状,纯白色,有些品种为蔷薇紫色或淡紫色;子房密被刚毛或糙伏毛。卵圆形,萼宿存,大于蒴果。

[分布] 本种分布于华东及日本等地。我国东南各省到四川均有栽培。

[生态习性] 喜光、喜温暖湿润气候;较耐寒;喜酸性土壤。花期3～4月,果期8～9月。

[繁殖] 单瓣种的白花杜鹃很容易进行扦插繁殖。种子繁殖也很常用。

[用途] 品种较多,花色不一,各地园林常见栽培,可种植于林缘、草坪边和岩畔等处作观赏。园林中常用来作杜鹃的嫁接砧木。

图 134　锦绣杜鹃

图 135　杜鹃

**锦绣杜鹃**　*Rhododendron pulchrum* Sweet

[科属]　杜鹃花科，杜鹃花属。

[形态特征]　半常绿灌木。高1.5～2m，枝稀疏开展，有褐色扁平糙毛；叶薄革质，春叶椭圆状长圆形，先端钝尖，表面深绿无光泽，背面苍绿色，有毛；夏叶较小，近披针形。伞形花序顶生，密被褐色刚毛状长柔毛，花冠阔漏斗形，玫瑰紫色，最上面的一枚裂片具深红斑点。

[分布]　可能原产于我国，栽培历史悠久，栽培品种多，无野生种出现。

[生态习性]　喜光、喜温暖湿润气候，耐阴，忌强烈阳光，较耐寒；喜肥沃、湿润的土壤。花期4～5月。

[繁殖]　以扦插为主。

[用途]　本花栽培历史悠久，品种繁多，有洋红锦绣、玫瑰紫锦绣、绯紫锦绣等品种，是城市绿化常用的观赏地被植物。

**杜鹃**　*Rhododendron simsi* Planch.

[别名]映山红、杜鹃花。

[科属]　杜鹃花科，杜鹃花属。

[形态特征]　落叶灌木，枝条稀疏，幼枝有柔毛和刚毛。叶纸质，长椭圆形至椭圆状倒披针形，先端急尖或钝，有短尖头，两面有毛。伞形总状花序顶生，有花5～10朵；花先叶开放或同放；花冠漏斗状，黄色，上侧一枚裂片较大，有淡绿色斑点。蒴果圆柱状长圆形，有柔毛和刚毛。

[分布]　分布于我国华东、华中、华南及西南等省。

[生态习性]　生于山坡疏林或灌丛中，喜酸性土壤。花期4～5月，果期8～9月。

[繁殖]　播种繁殖或营养繁殖均可。

[用途]　本种花大而密集，花色美丽，可种植于林缘、草坪边和岩畔等处作观赏植物，为园林增色。

紫金牛 *Ardisia japonica* (Thunb.) Bl.

[别名] 老不大、地橘子。

[科属] 紫金牛科，紫金牛属。

[形态特征] 小灌木，具长而横走的匍匐茎，稍分枝。叶对生或近轮生，叶片坚纸质，狭椭圆形、椭圆形至椭圆状倒卵形，边缘具细锯齿。花序近伞形，腋生或近顶生；花两性，下垂；萼5裂，花冠辐射状，5裂，白色或带粉红色。浆果红色，经久不落。

[分布] 分布于我国长江流域以南各地至华南、西南地区；朝鲜、日本也有分布。

[生态习性] 要求温暖，潮湿，荫蔽或半阴之环境，疏松、腐殖质含量多而湿润土壤。花期5~6月，果期9~11月。

[繁殖] 播种、扦插或分株繁殖均可。

[用途] 红果经久而美丽，常作盆栽观赏或作盆景配植材料。温暖地区也可在岩石园、树下配植作地被物；全草供药用，可治关节痛、劳伤、黄疸肝炎等。

聚花过路黄 *Lysimachia congestiflora* Hemsl.

[别名] 对座草、金钱草、黄胆草、路边黄。

[科属] 报春花科、珍珠菜属。

[形态特征] 多年生草本，全株有短毛或近无毛，叶和花冠上均有黑色腺条。茎匍匐，由基部向顶端逐渐细弱呈鞭状。叶对生，心形或宽卵形，先端急尖，基部心形，具较长的叶柄。花2~8朵簇生于茎与分枝的顶部，花冠联合，黄色，基部紫红色。蒴果球形，瓣裂。

[分布] 分布于长江流域和河南、陕西以及华南、西南各省，日本也有分布。

[生态习性] 喜阴凉湿润气候，耐阴，不耐寒，在肥沃的沙壤土中生长良好。常生于山坡、疏林、草丛和路边等阴湿处。花期5~7月。果期7~10月。

[繁殖] 扦插、分株或播种繁殖均可。

[用途] 植株低矮，开花时金黄一片，观赏性极强，是一种颇有开发前景的野生植被。近年在园林中已开始利用。全草药用，能治疗胆囊炎及尿石症。

图136 紫金牛

图137 聚花过路黄

**金钟花** *Forsythia viridissima* Lindl.

[别名] 黄金条、金钟连翘、迎春柳。

[科属] 木犀科，连翘属。

[形态特征] 落叶灌木。枝条直立，小枝四棱形，绿色，无毛，髓呈薄片状。单叶对生，叶片薄革质或纸质，椭圆状长圆形至卵状披针形，两面无毛，顶端锐尖。花先叶开放，花1～3朵簇生于叶腋；花冠黄色，具4裂片。蒴果卵球形，表面常散生棕色鳞秕或疣点。

[分布] 分布于我国江苏、安徽、江西、福建、湖北、四川和贵州等地，在长江流域以南地区及西北、东北各地均有栽培。

[生态习性] 喜光，耐半阴；喜温暖、湿润气候；忌涝湿，有一定的耐旱性和耐寒性。花期3～4月，果期7～8月。

[繁殖] 常用扦插、分株和压条法繁殖，播种也可。

[用途] 本种开花早而繁，色彩艳丽，庭园种常用来配植山石、坡地，也可丛植或片植作观赏地被，作保护性原野地被也可。

**云南黄馨** *Jasminum mesnyi* Hance

[别名] 云南黄素馨、南迎春、梅氏茉莉、迎春柳。

[科属] 木犀科，素馨属。

[形态特征] 常绿蔓性灌木，枝条细长，常呈拱形下垂。侧枝四棱形。叶对生，三出复叶和单叶混生，叶片长圆状卵形或狭长圆形，全缘。花单生于具苞状单叶的小枝端或叶腋。花冠高脚碟状，黄色，花冠裂片6枚或稍多，较花冠筒为长。浆果未见。

[分布] 原产我国华南和西南的亚热带地区，南方庭园常见栽培。

[生态习性] 喜阳光，稍耐阴，不耐寒，要求温暖湿润的气候条件。花期4月。

[繁殖] 常用扦插、压条等法繁殖，分株也可。

[用途] 此花黄花绿叶相衬，艳丽可爱，宜植于水边，细枝下垂，倒影清晰。植于路边、坡地及石隙等处均极优美，是布置湖岸、路旁、公路上下边坡以及风景区坡地的好材料。

图138 金钟花

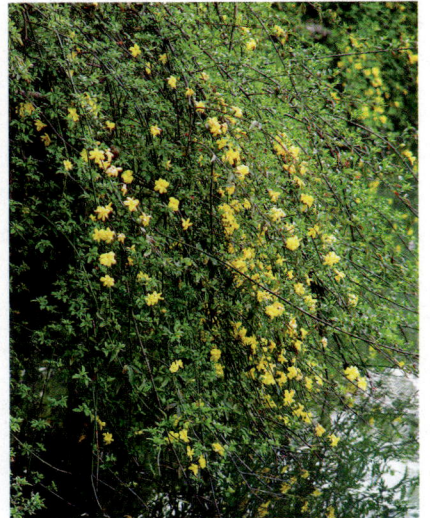

图139 云南黄馨

迎春 *Jasminum nudiflorum Lindl.*

[别名] 迎春花、金腰带。

[科属] 木犀科，素馨属。

[形态特征] 落叶灌木。小枝细长常呈拱形生长，绿色，无毛，幼时呈四棱。三出复叶对生，小叶卵形至长圆状卵形，全缘；顶生小叶稍大，有短柄；侧生小叶稍小，无柄。花单生于头年生枝条的叶腋，先叶开放，花冠高脚碟形，黄色，早春开花。雌雄蕊异长，不易结实。

[分布] 原产于我国北方和中部地区，各地栽培普遍。

[生态习性] 喜光，较耐寒、对土壤的要求不严。耐旱、耐碱，但不耐水涝，适应性较强。早春开花。

[繁殖] 用扦插、分株或压条繁殖均可。

[用途] 在北方开花最早，开花时满枝金黄，是早春主要的观花树种之一。常作为栽培地被绿化庭园，也可作高速公路两旁的绿化带，盆栽欣赏也可。

图140 迎春

金叶女贞 *Ligustrum * vicaryi Hort.*

[科属] 木犀科，女贞属。

[形态特征] 常绿灌木，高50～100cm左右。叶对生，卵形、宽卵形、椭圆形或椭圆状卵形，黄绿色或金黄色。圆锥花序顶生或腋生；花冠白色。

[分布] 我国华东地区多栽培。

[生态习性] 喜光，喜温暖湿润气候，耐高温，不耐干旱和荫蔽，对大气污染抗性较强。

[繁殖] 全年可进行扦插繁殖。

[用途] 是一种优良的观叶地被植物。常与红花檵木等配植，用来布置绿篱、花坛，或作高速公路两边的色叶绿化材料。

图141 金叶女贞

图 142 醉鱼草

图 143 长春花

**醉鱼草** *Buddleja lindleyana* Fort.

[别名] 野刚子、闹鱼花。

[科属] 马钱科，醉鱼草属。

[形态特征] 落叶灌木，小枝具4棱；枝、叶上常有棕黄色星状毛和鳞毛。叶对生，叶片卵形、椭圆状披针形至卵状披针形，顶端渐尖，基部圆形或楔形，全缘或有波状细齿。穗状花序生于枝条顶端；花冠筒状，稍弯曲，紫色，内面淡紫色，具细柔毛。蒴果长圆形，内有种子多数。

[分布] 分布于长江流域及华南等地，河南及陕西也有。

[生态习性] 喜温暖，耐旱、稍耐寒；喜光，也耐半阴；常生长在向阳山坡、溪边灌丛及路边石缝中。在排水良好的肥沃土壤中生长良好。花期6～8月，果熟期10月。

[繁殖] 播种、分株和扦插繁殖均可。

[用途] 园林中有多个品种，世界各地已见引种作庭园观赏植物。原野上常可作干旱坡地的固土植被。叶可以作毒鱼药和杀蛆的土农药。

**长春花** *Catharanthus roseus* (L.) G. Don

[别名] 五瓣莲、日日新、四时春、山矾花。

[科属] 夹竹桃科，长春花属。

[形态特征] 多年生草本，全株有微毛。茎圆筒形。叶对生，倒卵状长圆形或长椭圆形，先端急尖或圆钝，基部宽楔形或楔形，渐狭成短柄。聚伞花序顶生或腋生，花2～3朵，花冠高脚碟形，花冠筒细长，五裂，向左卷旋，有红、白、粉红等色；蓇葖果双生，直立。

[分布] 原产非洲东部、南部及美洲热带；我国长江流域以南地区及西南等地均有栽培。

[生态习性] 喜阳光充足，温暖，稍干燥的环境；不耐寒，忌水湿，越冬温度10～12℃；要求疏松、腐殖质含量较多的土壤。花期4～10月，果期5～12月。

[繁殖] 播种或扦插繁殖。

[用途] 花期长，花色多种；常用来布置花坛、花境或作为庭园观赏材料。也可以盆栽作室内布置之用。

## 络石　*Trachelospermum jasminoides* (Lindl.) Lem.

[别名] 白花藤，万字茉莉、钻骨风、棉絮绳、石花藤、石龙藤。

[科属] 夹竹桃科，络石属。

[形态特征] 常绿木质藤本，枝条和节上有气生根，具乳汁。叶对生，叶片椭圆形或卵状披针形，近革质。聚伞花伞圆锥状，腋生和顶生，花萼5裂，裂片线状披针形，花后外卷；花冠高脚碟状，喉部有毛，无副花冠，花冠白色，有芳香。蓇葖果双生，圆柱形，黑紫色。种子线形。

[分布] 原产我国东南部，其分布几遍全国各地；日本、朝鲜及越南也有。

[生态习性] 喜湿润、温暖环境，稍耐阴，忌水湿，不耐寒，生长势和耐瘠性较强。生于山野林中，常攀缘于树上、墙壁或岩石上。花期5～7月，果期10～11月。

[繁殖] 以压条繁殖为主，也可用扦插或播种法繁殖。

[用途] 在庭园中可以攀缘于其他植物、墙垣、假山或枯木等栽培，作保护地被亦佳。花白色，芳香，有观赏价值。

## 花叶蔓长春花　*Vinca maijor* L. 'Variegata'

[别名] 花叶长春蔓，花叶缠绕长春花、金钱豹。

[科属] 夹竹桃科，蔓长春花属。

[形态特征] 蔓生亚灌木，营养体偃卧，花枝直立。叶对生，椭圆形，叶缘有柔毛，叶的边缘黄白色，叶面有黄白色斑点。花单生于叶腋；萼片边缘有柔毛；花冠漏斗状，兰色；柱头有丛毛，基部有明显的环状增厚；花丝扁平，花药顶端有毛。

[分布] 原产南欧及亚洲西部。我国东部沿海地区常见栽培。

[生态习性] 喜温暖气候，适应性强，在半阴条件下生长尤佳。喜疏松、排水良好的土壤。

[繁殖] 常用扦插、压条或分株法繁殖，播种繁殖也可。

[用途] 该植物适应性强，耐半阴，可用于林缘、林下、坡地，也可用作基础种植。

图144　络石

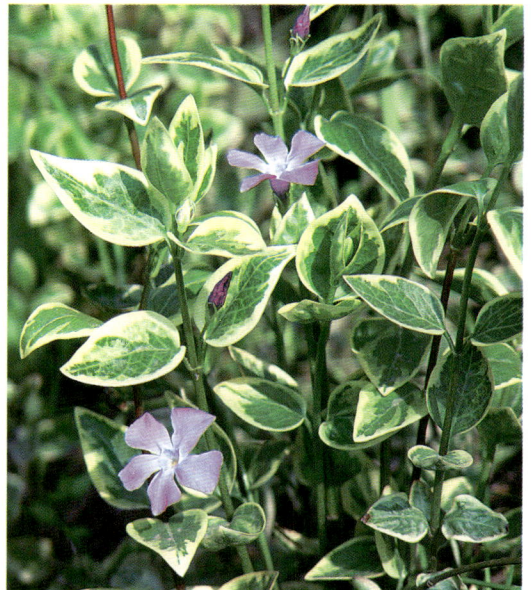

图145　花叶蔓长春花

## 旋花　*Calystegia silvatica* (Kitaib.) Griseb.

[别名] 篱天剑、小旋花、喇叭花、狗儿湾藤。

[科属] 旋花科，打碗花属。

[形态特征] 多年生草本，全株光滑。茎缠绕或匍匐，具细棱。叶互生，叶片三角状卵形，先端渐尖，基部戟形或箭形，二侧常具2～3个大裂片。花单生叶腋；每花具2枚不等大的苞片；花冠漏斗状，通常白色并稍带淡红色。蒴果卵球形，种子黑褐色，卵状三棱形。

[分布] 我国各地均有野生分布；东亚、南亚，前苏联、北美和大洋州均有。

[生态习性] 生于荒地、田边及路旁，山坡林缘等地也常见分布。花期5～7月，果期6～8月。

[繁殖] 除播种繁殖外，也可用根芽繁殖。

[用途] 分布极广，是一种美丽的野生花卉，其适应性很强，是大地绿化和水土保持的好材料。根状茎还可以供药用。

## 马蹄金　*Dichondra micrantha* Urban

[别名] 黄胆草、金钱草、荷包草。

[科属] 旋花科，马蹄金属。

[形态特征] 多年生丛生小草本。茎纤细，匍匐地面，被细柔毛，节着土生根。叶互生，叶片近圆心形或肾形，先端钝圆或微凹，基部深心形，全缘，鲜绿色，叶柄细长。花单生于叶腋，花梗短于叶柄。花冠钟形，黄色。蒴果近球形。

[分布] 广泛分布于热带和亚热带地区；我国长江以南地区均有野生。

[生态习性] 喜温暖、湿润，也有一定耐寒、耐阴、耐旱和耐高温的能力。常分布于疏林、路边、草地和沟旁。花期4～5月，果期7～8月。

[繁殖] 可用根蘖或茎插法繁殖，种子繁殖也可。

[用途] 叶形美丽，叶色翠绿，草层低矮，适应性及扩展性强，是一种十分优良的观赏性地被，但不耐践踏。全草还可药用。

图 146　旋花　　　　　　　　　　　　　图 147　马蹄金

图148 牵牛

图149 茑萝

牵牛　*Pharbitis nil*（L.）Choisy

[科属] 旋花科，牵牛属。

[形态特征] 一年生草本，全株有刺毛；茎细长，缠绕，多分枝。叶心形，常3裂至中部，掌状叶脉。花序有花1～3朵；苞片2枚，细长；萼片狭披针形，外有毛；花冠漏斗状，蓝色或淡紫色，管部白色。蒴果球形，内有种子5～6颗。

[分布] 原产热带美洲。我国各地广泛栽培，时常逸为野生。

[生态习性] 喜温暖湿润，好光，在肥沃、疏松的土壤条件下生长良好。花期7～9月。

[繁殖] 种子繁殖。直根发达，不耐移栽，一般以直播为好。

[用途] 本花色彩艳丽，品种繁多，栽培历史悠久，可上溯到明朝，是棚架绿化的好材料，尤宜植于晨练活动的场所。盆栽观赏也可。种子可以入药。

茑萝　*Quamoclit pennata*（Lam.）Bojer

[别名] 羽叶茑萝、五角星花、狮子草。

[科属] 旋花科，茑萝属。

[形态特征] 一年生草本。茎柔弱缠绕。叶互生，叶片卵形或长圆形，羽状深裂至近中脉处，裂片线形，10～15对。聚伞花序由1～3朵花组成，腋生；花梗略长于叶；花冠高脚碟状，深红色或白色。蒴果卵圆形，4室，4瓣裂。种子4枚，黑褐色。

[分布] 原产美洲热带，世界各地均有栽培。

[生态习性] 喜光，喜温暖、潮湿气候；耐半阴，耐干旱，但不耐寒；对肥水的适应性强，在排水良好的土壤生长良好。花期7～9月，果期8～10月。

[繁殖] 播种繁殖，自播能力也强，但不耐移栽。

[用途] 叶细裂，花色鲜红，适于攀爬篱笆、栏杆，装饰窗台、阳台或庭园，甚为美丽；作匍地绿化和垂直绿化均佳。

图 150 臭牡丹

图 151 马缨丹

## 臭牡丹 *Clerodendrum bungei* Steud.

[别名] 矮桐子、大红袍、臭八宝。

[科属] 马鞭草科，臭牡丹属。

[形态特征] 常绿小灌木。嫩枝稍有柔毛。叶片广卵形或卵形，基部心形至近截形，有强烈臭味。聚伞花序紧密，顶生。花萼紫红色或部分绿色；花冠淡红色、红色或紫色。核果倒卵形或球形。成熟后蓝紫色。

[分布] 除东北外，其分布几乎遍及全国各省区。越南、马来西亚和印度北部也有。

[生态习性] 喜温暖、湿润气候，较耐阴。常生于低海拔的山谷荒地、林缘、路边或沟旁。花果期6~10月。

[繁殖] 播种繁殖为主，分株、根蘖繁殖也很普遍。

[用途] 是一种常见的原野地被。抗逆性强，可大量用于水土保持。园林中已见应用。

## 马缨丹 *Lantana camara* L.

[别名] 五色梅、三星梅、七变丹。

[科属] 马鞭草科，马缨丹属。

[形态特征] 直立或蔓性灌木，植株有臭味，茎四方形，有糙毛和下弯钩刺。叶对生，卵形至卵状椭圆形；边缘有锯齿。头状花序顶生或腋生，花序梗长于叶柄；花冠黄色、橙黄色、粉红色至深红色。果实圆球形，熟时黑色。

[分布] 原产美州热带地区，我国南方栽培甚广。在华南已逸为野生杂草。

[生态习性] 喜阳光和高温、高湿气候条件，耐干旱和瘠薄，但不耐寒；适应性较强。花期5~10月。

[繁殖] 常用软材扦插法育苗。

[用途] 枝条柔软铺散，花色多变，在庭园内可以作岩石园的美化材料，也可以作绿篱、垂直绿化和治理侵蚀的地被植物。根和枝叶还可以入药。

**美女樱**　*Verbena hybrida* Voss

[别名] 铺地锦、美人樱、草五色梅。

[科属] 马鞭草科，马鞭草属。

[形态特征] 多年生草本或作一、二年生栽培,全株有白色长毛。茎具四棱，枝常横展成匍匐状。叶对生，有短柄，叶片长圆形或三角状披针形，边缘有缺刻状圆锯齿。穗状花序短缩，生于枝条顶端，开花部分呈伞房状；花有蓝、紫、红、粉红、白色等。果实圆柱形。

[分布] 原产美洲热带地区。我国引种栽培较多。

[生态习性] 喜阳光，喜温暖，忌高温多湿；耐暑而耐寒性不强，耐瘠却不耐干旱，在肥沃、疏松、排水良好的壤土中生长良好。花期5～10月。

[繁殖] 播种及自播均可；再生能力强，扦插和压条也容易生根。

[用途] 花色丰富美丽，开花多，花期又长，用于花坛和花境十分理想，也可作原野地被。匍匐型的种类可盆栽作悬挂观赏。

**彩叶草**　*Coleus scutellarioides* (L.) Benth.

[别名] 锦紫苏、洋紫苏、五彩苏、五色草。

[科属] 唇形科，鞘蕊花属。

[形态特征] 多年生草本或亚灌木，常作一年生栽培。茎四棱，少分枝，全株有微柔毛。叶对生，叶片常为卵圆形或菱状卵形，边缘有圆齿，质薄，色泽多样，有黄色、红色、紫色等多种色彩。轮伞状圆锥花序顶生，花冠浅紫色或蓝紫色。小坚果宽卵形或圆形，有光泽。

[分布] 原产印度尼西亚，我国引种栽培甚广。

[生态习性] 喜光、喜高温多湿气候，耐寒力弱，夏天适当遮阴，生长季节叶面宜多浇水。夏秋开花。

[繁殖] 播种、扦插均宜，能自播繁殖。

[用途] 本种叶色丰富，是一种良好的观叶地被。园林中常用来配置规整式花坛。也可以作庭园或原野地被。

图152　美女樱

图153　彩叶草

图 154　连钱草

图 155　野芝麻

**连钱草**　*Glechoma longituba* (Nakai) Kupr.

[别名] 活血丹。

[科属] 唇形科，活血丹属。

[形态特征] 多年生草本。具细长软弱的匍匐茎，四棱形，节着土生根。叶对生，叶片心形、肾心形或肾形，茎下部的叶较小，上部的叶较大；叶柄长为叶片长的1～2倍。轮伞花序腋生，通常2花，少数4～6花；花冠淡蓝色至紫色。小坚果。

[分布] 我国除新疆、青海和甘肃外均有分布。日本、朝鲜及前苏联远东地区也有。

[生态习性] 生于林缘、路旁、沟边及阴潮草丛中。花期4～5月，果期5～6月。

[繁殖]　由于茎节生根容易，所以常以营养繁殖方式繁衍后代。

[用途]　适应性及生长势强，可作为原野及庭院地被使用。全草含挥发油，可作药用。

**野芝麻**　*Lamium barbatum* Sieb. et Zucc.

[科属] 唇形科，野芝麻属。

[形态特征] 多年生草本。直立草本。叶卵状心形至卵状披针形，两面疏生柔毛；轮伞花序有花4～14朵，生于茎的上部叶腋，苞片线形，花冠白色，上唇直伸，盔状；下唇平展，3裂，中裂片较大，倒肾形，顶端深凹。小坚果倒卵形，有3棱。

[分布] 分布于我国东北、华北、华东、华中以及四川、贵州等地。

[生态习性] 各地常见野生，生于阴湿的路旁、山脚及林下。花果期3～6月。

[繁殖] 播种或分根繁殖均可。

[用途] 是一种常见而美丽的原野地被，管理粗放。全草可用于治跌打损伤，花可治妇科疾病。

## 紫苏　*Perilla frutescens* (L.) Britton

[别名] 野紫苏、白苏、荏。

[科属] 唇形科，紫苏属。

[形态特征] 一年生芳香草本。叶片宽卵形或圆卵形。轮伞花序2花，组成偏向一侧的顶生或腋生的总状花序。花萼钟形，有五齿，腺点黄色。花冠紫红色、粉红色至白色，二唇形，上唇微凹，下唇3裂。小坚果三棱状球形。

[分布] 全国各地均有栽培或野生。日本、朝鲜、印度尼西亚及印度也有。

[生态习性] 喜温暖湿润气候，耐瘠薄性、适应性强。常生于路边、农舍、低山林下及林缘。花期7～10月，果期9～11月。

[繁殖] 播种繁殖。自播能力强，常成片生长。

[用途] 是常见的原野地被。本种的变种紫苏 (var. *arguta*) 花和叶均为紫红色或淡红色，各地均有栽培，可供观赏。茎叶及种子还可药用，有解表理气，治疗感冒的疗效。

## 一串红　*Salvia splendens* Ker.—Gawl.

[别名] 象牙红、西洋红、墙下红、爆竹红。

[科属] 唇形科，鼠尾草属

[形态特征] 多年生作一年生栽培。茎四棱形。叶片卵形或卵圆形，顶端渐尖，边缘有锯齿。轮伞花序具2～6花，密集成顶生的总状花序；苞片卵圆形，开花前包裹花蕾；花萼钟形，红色，花后增大，外被毛；花冠筒伸出萼外，有红、白或紫等色。每花有小坚果4，果卵形，有3棱，平滑。

[分布] 原产南美巴西，我国南北各地及世界各国庭园均常见栽培。

[生态习性] 喜温暖湿润及向阳环境，耐半阴，忌霜冻，在疏松、肥沃土壤条件下生长良好。在暖地能露地越冬。花果期6～10月。

[繁殖] 用播种法繁殖，也可用扦插法繁殖。

[用途] 本花的观赏期长，色彩对比鲜明，常用来布置花坛、花境、花丛或布置盆花群，是我国广泛应用的节日用花。

图156　紫苏

图157　一串红

**五彩辣椒**  *Capsicum annuum* L. var. *cerasiforme* Irish

[别名] 观赏辣椒。

[科属] 茄科，辣椒属。

[形态特征] 草本，茎直立，半木质化，黄绿色，多分枝。单叶互生，卵状披针形或长圆形，全缘，先端尖，叶面光滑。花小，白色，单生于叶腋或簇生于枝顶。浆果直立、斜垂或下垂，指形、圆锥形或球形；幼时绿色，后变为紫色、黄色和红色。

[分布] 原产美洲热带，现我国各地园林中常见栽培。

[生态习性] 喜温暖、干燥、炎热、向阳的环境条件，不耐寒。要求肥沃、湿润的土壤条件，耐肥力强。果熟期8～10月。

[繁殖] 一年四季均可用播种法繁殖。

[用途] 观果植物，是夏季布置花坛、花境的常见材料、也可用来布置盆花群。


**枸杞**  *Lycium chinense* Mill.

[科属] 茄科，枸杞属。

[形态特征] 落叶或常绿小灌木。枝细长呈蔓状，常弯曲下垂，叶腋或小枝顶有棘刺。叶互生或簇生在短枝，卵形、长椭圆形或卵状披针形。早春嫩叶、嫩梢色彩鲜绿。花单生或3～5朵簇生于叶腋，花冠红紫色。浆果卵形至长椭圆状卵形，成熟时深红色或橘红色。

[分布] 原产我国黄河流域以南地区，广泛分布于全国各地。朝鲜、日本和欧洲也有。

[生态习性] 是钙质土的指示植物；常生长于山坡、荒地、路边和村旁；性强健，喜温暖，较耐寒，对干旱、寒冷等的适应性和抗逆性强。花期8～10月，果期10～11月。

[繁殖] 主要用播种法繁殖，扦插和分株也可。

[用途] 常作为庭园、林缘、岩石缝间的自然地被。有良好的防治侵蚀作用。也是秋季庭园的重要观果植物。果实可作滋补强壮药。

图158  五彩辣椒

图159  枸杞

图160 花烟草

图161 矮牵牛

## 花烟草 *Nicotiana alata* Link et Otto

[别名] 红花烟草。

[科属] 茄科，烟草属。

[形态特征] 一、二年生草本，全株密被腺毛。茎直立，基部木质化。叶互生，宽椭圆形至披针形。总状聚伞花序顶生；花冠高脚碟状，有柔毛，花冠有紫红、淡黄或白等色。蒴果长椭圆形。

[分布] 原产南美，后在英国杂交育成观赏品种。现我国各地常见栽培。

[生态习性] 喜温暖向阳的环境及肥沃疏松的土壤条件。耐炎热、耐旱，微耐阴，不耐寒。花在阴天及夜间开放，晴天中午闭合。花期8～10月。

[繁殖] 用播种或分株法繁殖。华北地区多春播，作一年生栽培；而长江流域以南常秋播、作越年生栽培。能自播繁衍。

[用途] 本种花大色艳，庭院中常用来布置花境、花丛或草坪及园林隙地；也可用来布置盆花群或作室内装饰。叶可供药用。

## 矮牵牛 *Petunia hybrida* Vilm.

[别名] 撞羽朝颜、碧冬茄、番薯花。

[科属] 茄科，碧冬茄属。

[形态特征] 一年生草本植物，全株被腺毛。茎直立或匍匐，叶在茎上部近对生，下部互生；叶片卵形，全缘。花单生于叶腋，有单瓣和重瓣之分，花瓣边缘又有平瓣、波状和锯齿状等变化，花冠有白、粉、红、绯红、紫及堇等色。蒴果狭卵形。种子近球形。

[分布] 本种可能是由原产南美的撞羽朝颜（P. violacea Lindl.）与腋花矮牵牛(P. axillaris BSP.)杂交而成的园艺品种。我国各地园林常见栽培。

[生态习性] 喜温暖、干燥和向阳、通风的环境条件，较耐热，不耐寒，忌水涝；喜疏松肥沃的土壤条件；在干热的夏季开花繁盛。从4月到霜降均能开花。

[繁殖] 一般用播种法繁殖，也可以用扦插繁殖。

[用途] 本花花期长、花色丰富，园艺品种繁多，适应性强，适合于布置花坛、花境及自然式布置；大花种和重瓣种可作盆栽欣赏。种子可以药用。

图 162 白英

图 163 蓝猪耳

白英　*Solanum lyratum* Thunb.

　　[别名] 白毛藤、山甜菜、蔓茄、苦茄。

　　[科属] 茄科，茄属。

　　[形态特征] 多年生草质藤本；茎、叶及小枝密生，密被长柔毛。叶互生，琴形或卵状披针形，顶端急尖，基部全缘或3～5深裂，侧裂片顶端圆钝，中裂片较侧裂片大，卵形，两面均被长柔毛。聚伞花序顶生或腋外生；花萼杯状，5浅裂；花冠蓝紫色或白色。浆果球形，熟时红色。

　　[分布] 分布于我国秦岭以南各省区，日本、朝鲜和中南半岛也有分布。

　　[生态习性] 生于山坡、荒地或路旁。对土壤的要求不严。花期7～8月，果期9～10月。

　　[繁殖] 播种繁殖。

　　[用途] 是山地丘陵中常见的地被植物之一，防治侵蚀作用良好。果实鲜红可供观赏。

蓝猪耳　*Torenia fournieri* Linden ex Fourn.

　　[别名] 夏堇。

　　[科属] 玄参科，蝴蝶草属。

　　[形态特征] 植株通常直立。叶片卵状长三角形。总状花序腋生或顶生，花在花序上对生；花冠有淡紫、白、粉红等色。

　　[分布] 原产印度支那半岛，现我国各地常见栽培。

　　[生态习性] 喜光、耐半阴，耐暑热，不耐寒，在湿润而排水良好的沙壤土中生长良好。花期7～10月。

　　[繁殖] 能自播繁衍。

　　[用途] 本种生长强健，需肥量不大，适用于作毛毡式花坛、花境的镶边材料，是近年来园林中十分常用的地被植物。

## 金鱼草　*Antirrhinum majus* L.

[别名] 龙头花、龙口花、洋彩雀。

[科属] 玄参科，金鱼草属。

[形态特征] 多年生草本。茎光滑，仅花序上有腺毛。茎下部的叶对生，上部的叶互生；叶片披针形至长圆状披针形，全缘，具短柄。总状花序顶生，密被腺毛；花萼5深裂；假面状花冠，基部膨大成囊状，有绒毛。蒴果卵形，被腺毛，顶端孔裂。

[分布] 原产欧洲地中海沿岸。各地庭园常见栽培，有些地方已逸为野生。

[生态习性] 喜光，耐半阴；怕酷暑，较耐寒；在疏松、肥沃和排水良好的土壤中生长良好。花果期5～10月。

[繁殖] 用播种法繁殖，扦插繁殖也可。具自播繁殖能力。

[用途] 本花花色丰富，有红、黄、橙黄、紫和白等色，花形奇特，是春季至初夏花坛优良的配景草花，可用来点缀草坪地被，也是大地绿化的好材料。

## 毛地黄　*Digitalis purpurea* L.

[别名] 洋地黄、自由钟、德国金钟。

[科属] 玄参科，毛地黄属。

[形态特征] 一年生或多年生草本。茎、叶具短柔毛和腺毛。基生叶常成莲座状，叶片卵形或长椭圆形，先端尖或钝，基部楔形，叶缘具圆齿；茎生叶与基生叶同形，向上渐变小。总状花序顶生，花萼钟状，5裂；花冠钟形偏扁，上唇紫红色，内部白色或具深红斑点。蒴果圆卵形，种子短棒状。

[分布] 原产欧洲西部，我国各地均有栽培。

[生态习性] 性耐寒、耐旱、也耐半阴，喜温暖湿润和阳光充足环境，喜腐殖质丰富、排水良好的土壤。花果期5～7月。

[繁殖] 播种繁殖或分株繁殖。若作二年生栽培时宜在八月份尽早盆播，可保证多开花。

[用途] 是夏季布置花坛、花境的好材料。也可作树坛及林间隙地的背景材料。叶可以药用，有强心之效。

图164　金鱼草

图165　毛地黄

图166　通泉草

## 通泉草　*Mazus pumilum*（Burm. f.）Van Steenis

[科属] 玄参科，通泉草属。

[形态特征] 一年生草本。主根伸长，垂直向下或短缩，须根纤细。叶基生为主，叶片倒卵形至匙形边缘有粗钝锯齿，基部楔形；茎生叶对生或互生。总状花序顶生，花稀疏，花冠分为上唇及下唇，紫白色，上唇直立，2裂，下唇较大，3裂。蒴果球形，包于宿存萼内。种子多数。

[分布] 广泛分布于全国各地；日本，印度，前苏联远东地区也有分布。

[生态习性] 喜生于潮湿环境，花果期很长，每年4～10月能开花不断。

[繁殖] 种子繁殖。

[用途] 是田边、林间阴湿处或旱地的常见野生地被。

图167　美国凌霄

## 美国凌霄　*Campsis radicans*（L.）Seem.

[别名] 厚萼凌霄。

[科属] 紫葳科，凌霄属。

[形态特征] 落叶攀缘藤本，茎木质，有发达的气生根。奇数羽状复叶对生，小叶9～11枚，小叶片椭圆形至卵状椭圆形，先端尾状渐尖，边缘有齿，被毛。花大，组成顶生的圆锥花序；花萼钟状，5裂至1/3处；花冠漏斗状，橙红色至鲜红色。蒴果长圆柱状，具柄。

[分布] 原产北美洲，我国各地庭园常用作观赏植物。越南和印度也有栽培。

[生态习性] 喜温暖湿润环境，在北方十分耐寒；喜光照，稍耐阴；对土壤要求不严。花期7～9月，果期10月。

[繁殖] 用播种、压条及扦插等法繁殖。

[用途] 花美色艳，是布置廊架、花门和垂直绿化的好材料。也可攀缘于墙垣、石壁及围栏等构成大型景观。

## 细叶水团花　*Adina rubella* Hance

[别名] 细叶水杨梅、水红桃、水杨柳。

[科属] 茜草科，水团花属。

[形态特征] 落叶小灌木，枝条细长披散，有赤褐色柔毛。叶对生，厚纸质，无柄，叶片卵状披针形或卵状椭圆形，表面深绿色，有光泽。头状花序单一或2～3个顶生或腋生；花紫红色。蒴果长卵状楔形。

[生态习性] 分布于我国长江以南各省。喜光，好潮湿。常生于溪边、沙滩或山谷沟旁，耐水淹，耐冲击。喜沙质土，较耐寒。花期7月，果期9～10月。

[繁殖] 播种、扦插繁殖均可。

[用途] 本种枝条披散，俏丽婀娜；叶狭长质厚，亮而发光；花奇丽夺目，适于在水边配植，点缀草坪；也可作花径绿篱，很有开发潜力。茎皮纤维可造纸和作人造棉。

## 水栀子　*Gardenia jasminoides* Ellis var. *radicans* (Thunb.) Makino

[别名] 矮栀花、雀舌花。

[科属] 茜草科，栀子属。

[形态特征] 常绿匍匐状小灌木，多分枝。叶对生或三叶轮生，叶片倒披针形，暗绿色或淡绿色，革质，有光泽。花单生枝顶或叶腋，花冠肉质白色，高脚碟状，具浓香。果橙黄色或橙红色，通常卵形。

[分布] 原产我国，主要分布于我国中南各省，日本也有。我国各地栽培甚广。

[生态习性] 喜温暖、湿润气候，耐瘠，耐半阴，适应性强。常生长于低海拔的山坡谷地、溪边路旁的灌丛或石隙中。花期6～8月。

[繁殖] 扦插和压条极易成活，硬枝扦插和软枝扦插均可。播种或分株繁殖也可。

[用途] 植株低矮，叶常绿，花素雅，香气浓郁，是一种优良的地被植物，也可作绿篱。根、叶、果还可以入药。

图168　细叶水团花

图169　水栀子

**六月雪** *Serissa japonica*（Thunb.）Thunb.

[别名] 千年矮、白马骨、满天星。

[科属] 茜草科，六月雪属。

[形态特征] 常绿小灌木，小枝密生，幼枝被短柔毛。叶对生，坚纸质，叶片狭椭圆形至狭椭圆状倒卵形，先端急尖，基部长楔形，全缘。花单生或数朵簇生、腋生或顶生，花冠白色或稍带紫色；果小，干燥。

[分布] 原产我国长江流域及以南各省区，在广东、广西也有分布，各地园林栽培甚广。

[生态习性] 喜光、喜温暖多湿气候，较耐阴，不耐严寒；对土壤要求不严，适应性和抗逆性强。常生于山坡谷地、灌丛、林下或溪边。花期8月。

[繁殖] 可以用扦插、分株或播种等法繁殖。

[用途] 花枝密集，白花点点，雅洁可爱，园林中常栽培成灌木丛，用来布置花坛、花境、花篱和岩石园，是一种常见的优良观赏地被。

**忍冬** *Lonicera japonica* Thunb.

[别名] 金银花、二苞花、金银藤、鸳鸯藤。

[科属] 忍冬科，忍冬属。

[形态特征] 半常绿攀缘灌木。幼枝密生柔毛或腺毛，髓小而中空。叶对生，卵形至长卵形，顶端渐尖或钝，基部圆形至近心形。花成对腋生，初开时白色或略带紫色，后转为黄色，二唇形，有芳香。浆果球形，熟时黑色。

[分布] 原产我国，在辽宁至陕西以南的各省区均有分布和栽培。日本和朝鲜也有。

[生态习性] 喜温暖，抗寒力也较强。喜光，稍耐阴，对土壤要求不严。适应性和抗逆性强，能很快覆盖斜坡瘠地。花期4～7月，果期8～10月。

[繁殖] 常用扦插繁殖，压条、分株及播种也可。

[用途] 花美丽芳香，是良好的地面覆盖和垂直绿化材料，可以作篱垣、门架、花廊和边坡的绿化材料，能有效保持水土、防治侵蚀。

图170　六月雪

图171　忍冬

图172 绞股蓝

图173 风铃草

**绞股蓝** *Gynostemma pentaphyllum* (Thunb.) Makino

[科属] 葫芦科，绞股蓝属。

[形态特征] 多年生草质攀缘植物。茎柔弱，有分枝。卷须常二叉或不分叉；鸟趾状复叶通常具5～7小叶，小叶片卵状长圆形或披针形，中间小叶较长，边缘有牙齿；侧生小叶较小。雌雄异株。花序圆锥状，花小，有短梗，花冠辐状，5裂，裂片披针形。果实球形，内有种子1～3粒。

[分布] 分布于我国陕西南部和长江以南各省区。日本，越南，印度，印度尼西亚也有。

[生态习性] 喜阴湿环境，常分布于沟旁或林下。花期7～9月，果期9～10月。

[繁殖] 用播种法繁殖，常自播。

[用途] 叶色嫩绿美丽，生长快，可以作为垂直绿化的材料。全草含强心甙，药用，有消炎解毒，止咳祛痰和强身之效。

**风铃草** *Campanula medium* L.

[别名] 吊钟花、钟花。

[科属] 桔梗科，风铃草属。

[形态特征] 越年生草本。茎粗壮直立，有粗毛，多分枝。基生叶多数，互生，披针形；茎生叶椭圆状披针形，基部圆形，半抱茎。总状花序顶生，花冠钟状，有5裂片，具不同深浅的蓝、紫、淡红或白等色。初夏开花。蒴果5裂

[分布] 原产南欧，我国栽培甚广。

[生态习性] 喜温暖、向阳；耐寒而不耐暑热；忌干热；在肥沃、疏松、排水良好的介质中生长尤佳。其植株要求经过一段低温期以度过春化阶段才能开花，花期5～6月。

[繁殖] 播种或自播。

[用途] 本种植物植株低矮，花色美丽，花形奇特，既可用来布置花境、花坛，也可以盆栽观赏，作庭园观赏地被有上佳的效果。

图174 半边莲

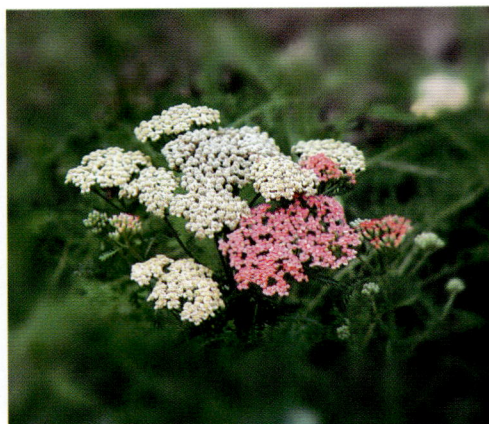

图175 千叶蓍

**半边莲** *Lobelia chinensis* Lour.

[别名] 急解索、细米草、瓜仁草。

[科属] 桔梗科，半边莲属。

[形态特征] 多年生矮小草本，有白色乳汁。茎平卧，节上生根，无毛。叶互生，无柄，叶片长圆状披针形或线形，顶端急尖，全缘或有波状齿。花通常单生于上部叶腋，花梗超出叶外；花萼长管状，花冠白色或粉红色，5裂，裂片近等长，全部平展于下方。蒴果倒圆锥形。

[分布] 在我国长江中、下游及以南各省区广布，越南至印度，朝鲜，日本也有。

[生态习性] 忌干燥，耐水湿，喜深厚、肥沃、湿润的环境，常生长在山坡、路边、河畔潮湿处。4～5月开花。

[繁殖] 播种或分株繁殖。

[用途] 花形奇特，近年田野中常见的野生地被物，可用来点缀路边、草坪，也可用来布置花坛，近年来在园林中已见应用。全草药用，是著名的蛇药。

**千叶蓍** *Achillea millefolium* L.

[别名] 欧蓍草，洋蓍草。

[科属] 菊科，蓍属。

[形态特征] 多年生草本。茎直立，上部常二叉分枝，密生白色长柔毛。叶片披针形至近条形，2～3回羽状全裂，裂片披针形或条形。头状花序多数，密集成复伞房状；缘花舌状，白色、粉红色或紫红色，舌片近圆形；盘花管状，黄色，两性。花序托在结果时伸长。瘦果长圆形。

[分布] 原产欧洲和我国新疆，内蒙、东北等地。我国各地庭园栽培甚广。现已传入北美、澳洲和新西兰等地，已归化成杂草。

[生态习性] 喜温暖、湿润气候，适应性和耐瘠性强。喜阳光，耐半阴，不耐寒。花期7～10月，果期8～11月。

[繁殖] 扦插、分株、播种均可，自播能力强。

[用途] 本种适应性强，常在瘠薄的土地上生长，花美丽，色彩鲜艳，故可以作庭园和原野地被和防治侵蚀地被。茎可以作调香原料。

**藿香蓟** *Ageratum conyzoides* L.

[别名] 胜红蓟、咸虾花。

[科属] 菊科，藿香蓟属。

[形态特征] 一年生草本，全株有毛。茎直立，粗壮。叶对生或上部的叶互生；叶片卵形或近三角形，两面被细柔毛，基部圆钝，少数心形，边缘有钝圆锯齿。头状花序小型，顶生，排列成伞房状；总苞片长圆形，顶端锐尖；花全部管状，花冠檐部淡紫色或浅蓝色。瘦果黑褐色。

[分布] 原产西印度、墨西哥中美洲和南美洲，我国长江流域以南各地广泛栽培。

[生态习性] 喜温暖湿润及阳光充足的条件，耐修剪，耐半阴，不耐寒，忌酷暑。在低山、丘陵及平原普遍生长。全株有臭味。花期6～9月，果期8～11月。

[繁殖] 播种繁殖为主，自播及分株能力强。冬春季节也可用嫩枝繁殖。

[用途] 在园林中可以用来布置花坛、花境，也可以用作切花或盆栽观赏。但应防止逸生为杂草。本种是柑橘害虫天敌——纽氏钝绥螨的中间寄主，在生物防治中有积极意义。

**雏菊** *Bellis perennis* L.

[别名] 春菊、延命菊、马兰头花。

[科属] 菊科，雏菊属。

[形态特征] 多年生或一年生草本植物。叶基生，草质，叶片匙形，边缘疏生波状齿，基部渐狭成叶柄。头状花序单生；总苞浅皿形，总苞片1～2层，草质，稍不等长；缘花1层，舌状，舌片白色带粉红色，全缘或有2～3齿，雌性；盘花管状，两性，结实。瘦果扁平，无冠毛。

[分布] 原产欧洲西部，现我国各地园林均有栽培。

[生态习性] 喜光、喜冬季温暖、夏季凉爽气候，耐寒力强；在肥沃、湿润、排水良好的土壤中生长良好。花期2～5月。

[繁殖] 在园林中常作越年生栽培，用种子繁殖，能自播。

[用途] 是园林中常见的地被植物，是布置冬季花坛的好材料。在欧洲已逸为田园杂草。

图176 藿香蓟

图177 雏菊

## 金盏菊 *Calendula officinalis* L.

[别名] 金盏花、长生菊、黄金盏。

[科属] 菊科，金盏菊属。

[形态特征] 一年生草本；茎直立，被柔毛和腺毛。叶互生，全缘或有稀疏锯齿，上部叶片长椭圆形或长椭圆状倒卵形，基部成耳状抱茎。头状花序单生枝端；总苞2层；缘花舌状，通常2～3层，雌性，结实；盘花管状，两性，不结实。瘦果明显向内弯曲，两侧具窄翅。

[分布] 原产地中海至伊朗，今世界各地园林广泛栽培。

[生态习性] 性喜凉爽湿润，较耐寒；喜阳光，忌酷暑；耐土壤瘠薄，我国各地均可露地栽培。常作越年生植物栽培。花果期4～9月。

[繁殖] 用种子繁殖，并可通过改变播种期来调节花期的迟早。

[用途] 适合布置花坛、花境，也可以种植于林缘、路边。作切花也可。是布置春季花坛的主要美化材料之一。

## 翠菊 *Callistephus chinensis* (L.) Nees

[别名] 江西腊、五月菊、兰菊。

[科属] 菊科，翠菊属。

[形态特征] 一年生或二年生草本。茎直立，有白色糙毛。中部叶卵形、匙形或近圆形，边缘有粗锯齿，两面有短硬毛，叶柄有狭翅；上部叶渐小。头状花序单生于枝端；总苞半球形，有苞片3层；缘花舌状，有红、蓝、白等色，雌性；盘花筒状，两性。瘦果倒披针状椭圆形；有冠毛。

[分布] 分布于我国吉林、辽宁、河北、山西、山东、云南及四川。朝鲜、日本、前苏联及欧洲也有引种栽培。

[生态习性] 喜温暖、向阳，在炎热季节开花不良。喜肥沃、不耐旱也不耐水涝；常生长于山坡草丛、水边和撂荒地；在园林中有广泛使用。

[繁殖] 主要用播种法繁殖，出苗容易。一年中分几次播种可延长开花期。

[用途] 在园林中可作花坛用花，作切花和盆栽观赏也可。也是大地绿化的材料。花可药用。

图 178　金盏菊

图 179　翠菊

图180 矢车菊

图181 大花金鸡菊

## 矢车菊 *Centaurea cyanus* L.

[别名] 蓝芙蓉、翠兰、荔枝菊。

[科属] 菊科，矢车菊属。

[形态特征] 一年生草本，茎多分枝。基生叶长椭圆状披针形，全缘或提琴状羽裂，有柄；茎生叶线形，全缘或有锯齿，无柄。头状花序单生于枝端，有长梗；总苞钟状，总苞片多层，复瓦状排列，边缘篦齿状；缘花近舌状，6裂，花有紫、蓝、淡红或白等色；盘花管状，花5裂，两性，结实。瘦果椭圆形，有毛；冠毛刺毛状，与瘦果近等长。

[分布] 原产欧洲东南部。我国各地庭园常栽培。

[生态习性] 较耐寒，忌炎热，喜光好肥，在长江流域能露地越冬，要求排水良好的沙质土壤。花果期4～5月。

[繁殖] 用播种繁殖。能自播繁衍，但不耐移栽。

[用途] 宜作花坛用花，是优良的花境美化材料。也可以作切花和纽扣花装饰。

## 大花金鸡菊 *Coreopsis grandiflora* Hogg. ex Sweet

[别名] 金鸡菊。

[科属] 菊科，金鸡花属。

[形态特征] 多年生草本。茎直立，下部稀有糙毛，上部有分枝。叶对生，基生叶片披针形或匙形，有长柄；下部叶片羽状全裂，裂片长圆形。中、上部的叶3～5深裂，裂片线形。头状花序单生于枝端，具长梗。总苞片外层短，内层长；缘花舌状，雌性，黄色，结实；盘花管状，两性，结实。瘦果宽椭圆形或近圆形，具膜质翅。

[分布] 原产北美洲，我国许多地方有栽培。

[生态习性] 喜光，对土壤要求不严。在向阳和沙壤土中生长良好。适应性、抗逆性强。花果期5～9月。

[繁殖] 播种、分株均可。种子结实力强，也能自播。

[用途] 本种植物花美丽，引种栽培历史较长，在不少地方已栽培归化并逸为野生，成为常见的大地绿化地被植物。

图182 秋英

图183 野菊

## 秋英 *Cosmos bipinnatus* Cav

[别名] 大波斯菊、秋樱、扫帚梅。

[科属] 菊科，波斯菊属。

[形态特征] 一年生或多年生，茎直立。叶对生，二回羽状全裂，裂片线形或丝状线形，全缘。头状花序单生，顶生或腋生，有长梗。缘花舌状，舌片顶端有3～5个钝齿，有白、粉、红色或紫红等色，不育；盘花管状，黄色，能育。瘦果线形，黑紫色，光滑，顶端有喙。

[分布] 原产墨西哥及南美，现我国各地庭园广有栽培。

[生态习性] 喜温暖、向阳的环境，耐干旱和贫瘠，但不耐寒、忌积水、怕霜冻。花期8～10月，果期10月。

[繁殖] 播种繁殖并能自播繁衍。嫩枝扦插也可。

[用途] 植株高大，可成片配置于路边草坪及林缘，作花坛、花境布置尤佳。在云南、四川等地已见归化，是一种常见的庭园和大地绿化地被。有些地区已逸为果园杂草。

## 野菊 *Dendranthema indica* (L.) Des Moul.

[别名] 野菊花。

[科属] 菊科，菊属。

[形态特征] 多年生草本。茎基部常匍匐。叶互生，卵形或长圆状卵形，羽状深裂，顶裂片大，侧裂片常2对，全部裂片边缘有浅裂或锯齿。头状花序，在枝顶排成伞房状圆锥花序式或不规则伞房花序状；缘花舌状，雌性；盘花管状，两性；花冠黄色。瘦果倒卵形，稍压扁，黑色。

[分布] 在我国各地分布很广。日本、朝鲜、印度和前苏联远东地区也有。

[生态习性] 喜温暖、向阳地带，适应性和抗逆性均很强。生于旷野、山坡、田边、路边。花期9～11月。

[繁殖] 扦插、分株或自播均可。

[用途] 花美丽，是常见的野生花卉。其防治侵蚀能力很强，所以是一种常见的原野和荒漠地被植物。花、叶入药有消炎杀菌之效，也可以作为菊花杂交育种的好材料。

## 大吴风草　*Farfugium japonicum* (L.) Kitamura

[科属] 菊科，大吴风草属。

[形态特征] 多年生草本。根状茎粗。叶基生，莲座状，幼时向内卷叠；叶片肾形，先端圆形，基部心形，边缘有尖头细齿或全缘。茎花葶状，茎生叶苞叶状，无柄，抱茎。头状花序排列成疏散伞房状，缘花舌状，黄色，舌片长圆形或匙状长圆形；盘花管状，黄色，多数。瘦果圆柱形，有纵肋；冠毛棕褐色，糙毛状。

[分布] 我国东部各地有分布。日本、朝鲜也有。

[生态习性] 喜温暖、偏阴及潮湿的环境条件，常生长于低海拔的林下、山地、山谷等处。花果期7～10月。

[繁殖] 常用自播法繁殖。

[用途] 江南各省广泛用来作阴性地被，常用于立交桥底下作阴生地被物。全草还可药用，有活血止血、散结消肿之效。

## 马兰　*Kalimeris indica* (L.) Sch.—Bip.

[别名] 马兰头、鸡儿肠、路边菊、鱼鳅中已

[科属] 菊科，马兰属。

[形态特征] 多年生草本。有匍匐的根茎；茎直立。叶互生，薄纸质，披针形或倒卵状长圆形，顶端钝或尖，基部渐狭尖，全缘。头状花序单生于枝顶并排成疏伞房状。缘花一层，舌片，淡紫色；筒状花多数。瘦果倒卵状长圆形，冠毛短毛状，易脱落。

[分布] 我国多数省区有自然分布。亚洲东部及南部也有。

[生态习性] 生于沟边、湿地和路旁，喜温暖气候，适应性强。是草坪杂草之一。花期5～9月，果期8～10月。

[繁殖] 以根茎无性繁殖为主，种子繁殖也可。

[用途] 植株低矮，适应性强，是固堤护坡和大地绿化的自然材料。嫩茎和幼叶可食；全草可以药用，能消食积、出湿热、利小便，退热止咳。

图184　大吴风草

图185　马兰

**千里光** *Senecio scandens*. Buch.—Ham.

[别名] 千里明。

[科属] 菊科，千里光属。

[形态特征] 多年生草本。茎曲折多分枝，常呈攀缘状倾斜。叶有短柄，叶片长三角形或卵状披针形，顶端长渐尖，基部楔形或近截形，边缘有不规则齿。头状花序多数，在枝端排列成疏松的伞房花序状；总苞筒状；总苞片一层；缘花舌状，一层，黄色；盘花管状，多数。瘦果圆柱形，冠毛白色或污白色。

[分布] 广布于我国华东、华中、华南及西南等地；日本、印度和菲律宾也有。

[生态习性] 适应性强，生于各地山坡荒野、山沟、路边及灌丛等地。花果期9～11月。

[繁殖] 能自播繁殖，并能以地下芽进行繁殖。

[用途] 叶形有很大变异，叶片下部或整个叶片深裂成羽状，植株成长蔓状，是护坡绿化的好材料。花含黄酮、酚类及有机酸，可以供药用，有消炎抗菌、治虫叮蛇伤等疗效。

图186 千里光

**蒲儿根** *Sinosenecio oldhamianus* Maxim.

[科属] 菊科，蒲儿根属。

[形态特征] 一年生或二年生草本。茎直立，多分枝。叶互生，下部叶有长柄，叶片近圆形，基部浅心形，顶端渐尖，掌状脉；上部叶有短柄，叶片三角状卵形。头状花序多数，在茎端呈复伞房状排列；缘花舌状，黄色；盘花管状，两种花均能结实。瘦果倒卵状圆柱形，稍压扁。

[分布] 长江流域中上游和华中、西南、华南和陕西等地；越南、缅甸也有分布。

[生态习性] 喜温暖气候和湿润土壤，适应性抗逆性强，在恶劣环境处也能自播、自繁。花果期4～8月。

[繁殖] 能自播繁殖。

[用途] 是十分常见的大地绿化地被植物，花很鲜艳美丽，可用来点缀自然园林或湿地。

图187 蒲儿根

**孔雀草** *Tagetes patula* L.

[别名] 红黄草、小万寿菊。

[科属] 菊科，万寿菊属。

[形态特征] 一年生草本，植株有臭味。茎直立，粗壮，具纵棱。叶对生，稀互生，羽状分裂，裂片长椭圆形或披针形，有锯齿，叶缘有少数腺体。头状花序顶生；总苞膨大成杯状；缘花舌状，黄色或橙黄色，花冠边缘呈波浪状；盘花管状，黄色。瘦果线形，黑色。

[分布] 原产墨西哥，我国各地均有栽培。在广东和云南部分地方已见归化。

[生态习性] 生长强健，适应性强。喜温暖和阳光充足的环境条件；不耐寒，也不耐酷暑；对土壤和肥力的要求不高。花期6～10月。

[繁殖] 用播种法繁殖。

[用途] 本花茎丛生状，在花坛、花境边沿作图案布置覆盖效果好。花有金黄和橙黄双色，或带有色斑，鲜艳夺目且品种多样，是一种常见的地被植物。盆栽作室内装饰也可。

图188 孔雀草

图189 百日菊

**百日菊** *Zinnia elegans* Jacq.

[别名] 百日草、步步高、节节高、对叶梅。

[科属] 菊科，百日菊属。

[形态特征] 一年生草本。茎直立，具糙毛。叶对生，叶片宽卵圆形至长椭圆形，全缘，基部稍心形抱茎。头状花序顶生，具长花梗。缘花为舌状花，一至多层；有黄、红、白、橙黄和紫等颜色；盘花筒状，橙黄色或黄色；总苞钟状。瘦果倒卵形至倒卵状楔形。

[分布] 原产墨西哥等地，现世界各地栽培甚广。

[生态习性] 喜温暖、向阳，耐干旱，忌酷暑；性强健，适应性强，在肥沃和土层深厚的土壤中生长尤佳。花期6～10月，果期8～10月。光照不足易徒长和开花不良。

[繁殖] 以播种法为主。

[用途] 可根据植株高低分别用于花坛、花境和花带的栽培，也可根据花色品种混栽成花群，是一种色彩艳丽、应用广泛的观赏地被植物。

图190 蟛蜞菊

图191 杜若

**蟛蜞菊** *Wedelia trilobata* (L.) Hitchc.

[别名] 地锦花、南美蟛蜞菊。

[科属] 菊科，蟛蜞菊属。

[形态特征] 多年生草本，茎匍匐。叶对生，卵状披针形，全缘或有疏锯齿，上面粗糙，有光泽；边缘3浅裂或有疏齿。头状花序单生于枝端或叶腋，舌状花和管状花均为黄色。瘦果倒卵形。

[分布] 原产南美洲；我国广东、广西、云南等地广为栽培。

[生态习性] 喜光、喜温暖湿润气候，适应性强，耐干旱、耐瘠薄、耐盐碱但不耐低温。在温度合适的地区全年均能开花，夏秋为盛花期。

[繁殖] 播种繁殖或营养繁殖均可。

[用途] 本种枝叶茂密，成片栽培能形成翠绿如茵的景观，是南方常见的观赏地被，也可作高速公路路边的绿化或原野地被。

**杜若** *Pollia miranda* (Levl.) Hara

[科属] 鸭趾草科，杜若属。

[形态特征] 多年生草本。茎直立或基部匍匐，不分枝。叶片椭圆形或长圆形，稀披针形，先端渐尖，基部渐狭呈柄状，叶鞘疏生短糙毛。圆锥花序伸长，由疏离轮生的聚伞花序组成；花具短梗；萼片白色，宿存；花瓣白色，稍带淡红色。果实熟时蓝色。

[分布] 分布于华东、中南、华南、西南等地。日本、朝鲜及中南半岛也有。

[生态习性] 喜凉爽潮湿的环境条件。常生于山坡、林下或沟边潮湿处。花期6～7月，果期8～10月。

[繁殖] 营养繁殖或自播繁殖。

[用途] 本种是一种在山区十分常见的野生地被植物，园林中应用尚不多见。民间常用作药用，有活血、益肾、解毒之效，可治腰痛及毒蛇咬伤。

## 紫竹梅　*Setcreasea pallida* Rose

[别名] 紫叶草、紫叶鸭趾草。

[科属] 鸭趾草科，紫竹梅属。

[形态特征] 多年生草本植物。茎上部斜伸，下部匍匐，多分枝。叶长圆形或长圆状披针形，先端急尖或渐尖，基部宽楔形，两面及边缘疏生长柔毛；叶和茎均为暗紫色。聚伞花序缩短成近头状花序，顶生；花瓣淡紫色，离生。蒴果椭圆形。

[分布] 原产墨西哥。现我国各地普遍栽培。

[生态习性] 喜温暖潮湿、不耐寒；要求阳光充足，但忌暴晒，耐半阴；耐旱、耐湿；对土壤条件要求不严。花期6～11月。

[繁殖] 扦插繁殖，生根极为容易。

[用途] 本种色彩独特，观赏期长，常植于花台或用来布置花坛，是一种很常用的地被植物。室内作悬挂栽培赏叶亦佳。

## 紫露草　*Tradescantia ohiensis*（Raf）Raf

[别名] 紫鸭趾草、原动花。

[科属] 鸭趾草科，紫露草属。

[形态特征] 多年生草本，茎直立，丛生。叶片线形至线状披针形，禾叶状。聚伞花序缩短成顶生伞形花序，具一长一短总苞片；花具有细长梗，稍下垂；萼片绿色，稍带紫色；花瓣蓝紫色，近倒卵形。花丝密被念珠状长柔毛。蒴果椭圆形。种子近半球形。

[分布] 原产北美洲。我国各地园林均有引种栽培。

[生态习性] 花期6～8月，果期8～10月。

[繁殖] 分株繁殖。

[用途] 观赏地被植物，可用来布置花坛和花境。本植物的花丝上具大量长柔毛，是观察原生质流动的优良实验材料。

图 192　紫竹梅

图 193　紫露草

图 194　吊竹梅

图 195　花叶芦竹

**吊竹梅**　*Zebrina pendula* Schnizl.

[别名] 吊竹兰、斑叶鸭趾草。

[科属] 鸭趾草科，吊竹梅属。

[形态特征] 多年生草本植物，茎匍匐或下垂，多分枝，稍肉质。叶互生，卵状椭圆形，先端渐尖，基部宽楔形，两面绿色，或上面有 2 条灰白色或紫色的纵向条纹，叶背或呈紫红色，叶鞘具毛。聚伞花序缩短成近头状花序；花小，花冠筒白色，裂片紫红色。蒴果三棱状卵形。

[分布] 原产墨西哥，现世界各国普遍栽培。

[生态习性] 喜温暖潮湿、喜阳光，也耐半阴，但不耐寒，忌过肥，也不耐干旱，在深厚、湿润的土壤条件下生长良好。花期 6～9 月。

[繁殖] 扦插或分株繁殖，很容易生根。

[用途] 可植于林下，在阴湿环境作地被物十分适宜；也可作棚架下的垂吊装饰和观赏。

**花叶芦竹**　*Arundo donax* L. var. *versicolor* (Mill.) J. Stokes

[科属] 禾本科，芦竹属。

[形态特征] 多年生禾草，经修剪可保持在 50cm 以下的高度。具根茎，须根粗壮。秆直立，粗大，稍木质化，易分枝。叶鞘长于节间；叶舌膜质；叶片线状披针形，上有黄白色宽窄不等的长条纹。圆锥花序顶生，紧密而直立；小穗两侧压扁，含 2～5 花。

[分布] 分布于欧亚大陆之热带及温带地区。江浙等地园林有栽培。

[生态习性] 适应性强，喜温暖但有较强的耐寒性，喜阳耐阴，喜湿润又耐干旱。常生于河岸、路边。花果期 9～12 月。

[繁殖] 常以根茎进行营养繁殖，分株和扦插均可。

[用途] 株形美丽，叶色常随季节不同而有变化，可用于布置水景园、岩石园及花境。纤维可用作造纸及人造丝的原料。

## 阔叶箬竹 *Indocalamus latifolius* (Keng) McClure

[别名] 棕子叶。

[科属] 禾本科，箬竹属。

[形态特征] 地下茎为复轴型。秆低矮，中空极少，节间细长，圆筒形，无沟槽；箨鞘宿存，质坚硬；箨鞘外密被棕褐色短刺毛，有时无毛，边缘具棕色纤毛，箨舌截平，箨片近锥形，直立。末节小枝具3~4叶；叶鞘无毛；叶片长圆形至披针形，基部钝圆，先端急尖，上面无毛，下面近基部有粗毛。

[分布] 原产我国，分布于浙江、江苏、安徽、福建等地。

[生态习性] 喜温暖、阴湿环境，耐阴，较耐寒，在疏松、湿润、排水良好的土壤中生长尤佳。常生长在山坡或水塘周围。笋期5月。

[繁殖] 常用分株法繁殖。

[用途] 在庭园中作丛植观赏，也可种植于坡地、路边等处作为护坡地被，对水土保持有良好效果。秆可作笔杆或天竺筷，叶可以裹粽子。

图196 阔叶箬竹

## 菲白竹 *Pleioblastus angustifolius* (Mitford) Nakai

[科属] 禾本科，苦竹属。

[形态特征] 灌木状竹类植物，地下茎复轴型，秆每节二至数分枝。小枝有叶4~7枚，叶鞘淡绿色，一侧边缘有明显纤毛；鞘口有数条白色遂毛；叶缘具纤毛；叶片狭披针形，绿色底上有不规则的白色纵条，细横脉明显；叶柄极短。

[分布] 原产日本，我国有引种栽培。

[生态习性] 喜温暖湿润气候；耐阴，夏季畏炎热与日晒。浅根性，以选择土壤疏松肥沃、排水良好的沙壤土种植为宜。笋期4~5月。

[繁殖] 常用分株法繁殖。

[用途] 茎秆低矮，叶片绿中夹有白条纹，雅致可爱，在园林中常用来配置于疏林、篱边或建筑物旁，作观赏地被或覆盖物。也可盆栽观赏。

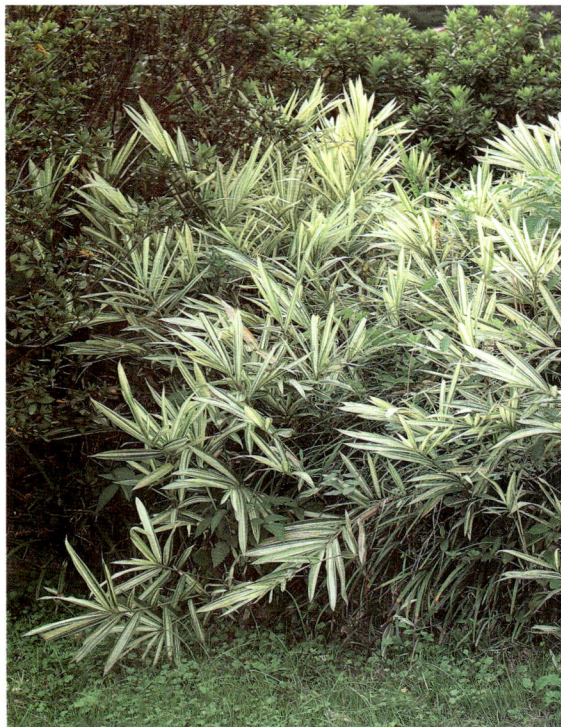

图197 菲白竹

## 匍茎剪股颖 *Agrostis stolonifera* L.

[别名] 匍匐翦股颖，本特草。

[科属] 禾本科，翦股颖属。

[形态特征] 多年生草本。秆基部常堰卧地面，节着土生根，直立秆高 20～36cm。叶鞘无毛，稍带紫色；叶舌膜质长圆形；叶片扁平，两面具小刺毛。圆锥花序卵状长圆形，绿紫色，老熟后紫铜色，每节具 5 个分枝；两颖等长；外稃较长，顶端钝圆、无芒；内稃长为外稃长的 1/2～2/3。

[分布] 原产欧洲。我国东北、华北、西北及江西、浙江等地均有栽培。在肥沃、排水良好的，微酸性土壤条件下生长良好。

[生态习性] 喜冷凉湿润气候，耐寒性强，耐热、耐瘠薄、能耐低修剪，耐阴性也较强，但在阳光充足条件下生长更好。多生于潮湿草地，耐旱性稍差。花果期 6～8 月。

[繁殖] 以播种繁殖为主，也可用匍匐茎繁殖。种子小，忌覆土过深。

[用途] 形态细弱、密生、耐低修剪、可形成美丽、细致的草坪，适合作公园、风景、庭园的观赏草坪或高尔夫球场、保龄球场草坪。作水土保持地被也可。

## 狗牙根 *Cynodon dactylon* (L.) Pers.

[别名] 拌根草、爬根草、百慕大草、普通狗牙根。

[科属] 禾本科，狗牙根属。

[形态特征] 多年生草本，短根茎，须根细韧。上部茎直立，细硬，光滑，高 10～39cm，秆匍匐地面，最长可达 1m。叶片线形。穗状花序 3～6 枚簇生于茎的顶端。小穗灰绿色或带紫色；第一颖几等长或稍长于第二颖。外稃草质，内稃约与外稃等长。

[分布] 是世界性的广分布种类，在热带、亚热带和暖温带地区均有分布。我国黄河流域以南各地均有野生种，吉林、青海、甘肃、新疆、西藏等地也有。

[生态习性] 本种耐寒、耐干旱、耐盐碱均强。能在路边、田园、湖泊和河流泛滥地、海岸等地都能形成优势群落，并对其他物种有很强的侵害性。但不能忍受稠密荫蔽、严寒与潮湿环境。花果期 4～10 月。

[繁殖] 无性繁殖或播种培育成草皮或草坪。

[用途] 适合作公园、景区、庭园休闲草坪。草坪草经多次低修剪后可作为高尔夫球场或保龄球场草地的球盘使用。对水土保持、环境保护和消除污染均有良好的效果。

图 198　匍茎剪股颖

图 199　狗牙根

**弯叶画眉草**　*Eragrostis curvula* (Schrad.) Nees

[科属] 禾本科，画眉草属。

[形态特征] 多年生草本。秆常成为密丛，高度为9～120cm，下部具分枝，叶片细长、粗糙，内卷如丝状，长可达40cm。圆锥花序开展，分枝单生或基部近轮生。颖片质薄，披针形，先端渐尖；内稃与外稃近等长。

[分布] 原产非洲，主要分布于热带及亚热带地区。现我国种植甚广。

[生态习性] 喜阳、耐高温，耐淹、抗干旱和阴湿、抗病力强、耐践踏，具有很强的再生能力。多生长于砂质坡地、农田、路边荒地以及植被受到破坏的地段。耐贫瘠土壤，管理较粗放。花果期4～9月。

[繁殖] 播种或分株。

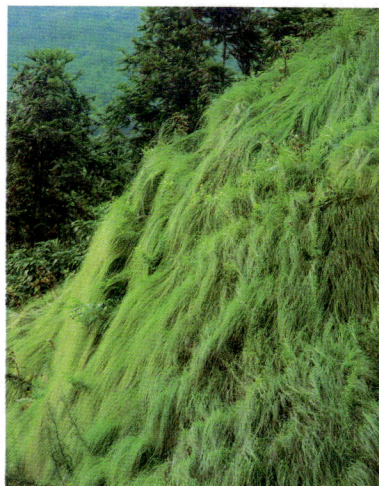

图200　弯叶画眉草

[用途] 适于在我国亚热带或热带地区生长。常用于庭园绿化作观赏，也可与狗牙根等混播作护坡地被，具有良好的水土保持效果。

**假俭草**　*Eremochloa ophiuroides* (Munro) Hack.

[别名] 蜈蚣草。

[科属] 禾本科，假俭草属。

[形态特征] 多年生低矮草本，高10～15cm。具有发达的匍匐茎，基部节间短，秆斜生。叶鞘扁压、密集并跨生于匍匐茎和秆的基部；叶片扁平。总状花序一枚顶生，穗轴节间扁压，略呈棍棒状；小穗无柄生于穗轴之一侧，互相覆盖。第一颖硬纸质，与小穗等长，上部具宽翼，第二颖略呈舟形，厚膜质，外稃长圆形，先端尖，几等长于颖，内稃与外稃等长而较狭。

[分布] 我国主要分布在华中、华东、华南地区，台湾地区、四川、云南贵州等地也有。

[生态习性] 生长势和适应性强，耐水湿，耐高温、干旱和寒冷性，有一定的耐阴性和耐践踏性，对酸性土壤有很强的适应性。在潮湿草地、河滩、沟旁、山坡林地或岩石薄土上生长良好。花果期6～10月。

[繁殖] 可以用播种或营养繁殖法育成草坪，待匍匐茎粗壮生长后抗逆力增强。

[用途] 本种草质稍粗糙，夏秋季生长旺盛，盖地效果好，管理粗放，适合作公园、景区、庭园草坪或运动场草坪。也可在疏林下作为观赏或水土保持地被之用。

图201　假俭草

图 202 蒲苇

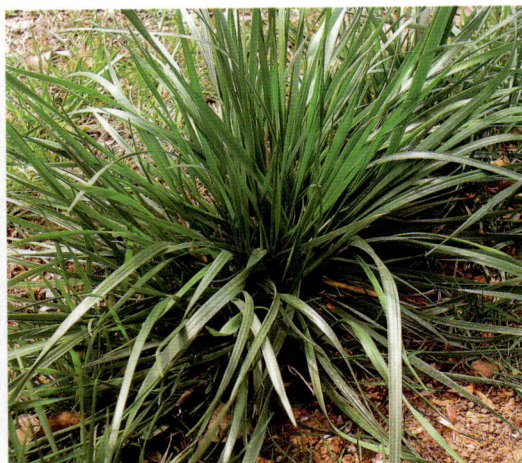

图 203 高羊茅

**蒲苇** *Cortaderia selloana*（Schul）Aschers. et Graebn.

[科属] 禾本科，蒲苇属。

[形态特征] 多年生草本植物，高大如芦苇状。秆丛生，粗壮，直立，高达 2～3m 以上。叶片长达 1～3m。圆锥花序大形，长 0.3～1m。其雄花序为广金字塔形；雌花序较窄，银白色至粉红色。

[分布] 原产南美，我国引种作观赏草。

[生态习性] 喜阳光充足，土壤干燥，排水良好的环境。不甚耐寒。花果期 9～10 月。

[繁殖] 分蘖性强，可以用分根法繁殖；种子繁殖也可。

[用途] 蒲苇的适应性强，可以在比较恶劣的环境条件下生长，养护粗放，盖地效果佳；加上果穗大型美丽，色彩鲜明，观赏期长，可使城市园林增加野趣，给人以回归自然的感觉，所以近年来在园林中应用广泛。

**高羊茅** *Fescue arundinacea* Schreb.

[别名] 苇状羊茅。

[科属] 禾本科，羊茅属。

[形态特征] 多年生，具鞘外分枝。茎直立，粗状，簇生。幼叶卷叠式；叶片扁平，坚硬，背面光滑，表面及边缘粗糙；无主脉，叶舌膜质，叶耳小而窄，叶环显著，边缘常有短毛。圆锥花序直立或下垂，外稃长圆状披针形，内稃具短纤毛。颖果比同属中其他种要大。

[分布] 是生长在欧洲的一种冷季型草坪草，适应于许多土壤和气候条件，应用广泛。

[生态习性] 适宜于寒冷潮湿和温暖潮湿的过渡地带生长，耐寒性，对高温有一定的抵抗能力，是耐旱和耐践踏的冷季型草坪草，耐阴性中等，耐盐碱，也可忍受较长时间的水淹。耐粗放管理。

[繁殖] 以播种繁殖为主，建坪速度较快，也可营无性繁殖。

[用途] 高羊茅的适宜范围很广，耐粗放管理，耐践踏，可用作运动场、绿地、路旁、小道、机场以及其他质量要求较粗放的草坪。由于其建坪快，根系深，耐贫瘠土壤，所以也可以用于边坡治理和水土保持。

## 黑草麦　*Lolium perenne* L.

[别名] 多年生黑麦草，宿根黑麦草。

[科属] 禾本科，黑麦草属。

[形态特征] 多年生禾草，具细弱的根茎，须根稠密。茎直立，秆丛生，质地柔软，基部常斜卧。幼叶折叠；叶耳小，叶舌短而钝，叶片扁平狭长。穗状花序稍弯曲，颖短于小穗，具5脉，外稃披针形，无芒；其花之内稃与外稃等长。

[分布] 原产南欧、北非和亚洲西南，是温带地区的广布种。我国引种栽培多年。

[生态习性] 适宜温暖湿润的暖温带气候，不耐寒冷、高温和干旱。在长江流域在初夏阶段生长旺盛。花果期5～7月。

[繁殖] 以播种繁殖为主，也可进行营养繁殖。

[用途] 本种种子较大，发芽迅速，成坪的时间短，常作为优势草种与早熟禾、剪股颖等混播作风景区及庭园的观赏草坪或运动场草坪。也可作饲料草使用。

## 百喜草　*Paspalum notatum* Flugge

[别名] 巴哈雀稗、金冕草。

[科属] 禾本科，雀稗属。

[形态特征] 多年生，有粗壮木质化多节的匍匐茎，秆密丛生。叶片长扁平或对折。总状花序长约15cm，2枚对生，小穗卵形，第二颖比第一颖稍长，具3脉，中脉不明显，第一外稃具3脉，第二外稃绿白色，稍短于小穗。

[分布] 原产南美东部的亚热带地区。我国引种已有多年。

[生态习性] 生长势和抗逆性强，耐高温、干旱、抗病虫害、稍耐阴，在瘠薄土壤也能生长。花果期6～10月。

[繁殖] 以播种繁殖为主，也可营无性繁殖。

[用途] 本种草质较为粗糙，可适宜环境条件较差的地方生长。有三个不同品种分别可作为休息草坪、一般运动场草坪以及作护坡、固堤及水土保持绿化地被之用。

图 204　黑草麦

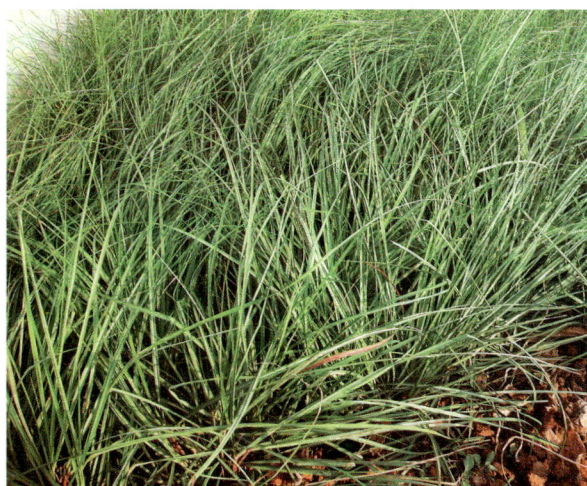

图 205　百喜草

## 草地早熟禾 *Poa pratensis* L.

[别名] 六月禾、肯塔基蓝草、蓝草、光茎蓝草。

[科属] 禾本科，早熟禾属。

[形态特征] 多年生禾草，具细根状茎。秆细弱丛生，自然株高20～50cm。矮生品种株高仅15～20cm；叶鞘自中部以下闭合，长于叶片；叶舌钝圆、膜质；无叶耳；叶片柔软，叶尖呈明显的船形。圆锥花序展开；颖边缘宽膜质，外稃边缘及顶端呈宽膜质。颖果纺锤形。

[分布] 在全球温带地区及冷凉湿润地区有广泛分布。常见于河谷、草地、林边等处。

[生态习性] 喜光耐阴，喜温暖湿润，耐寒能力强，抗旱性差；在排水良好、土壤肥沃的湿地生长良好。根茎繁殖力强，再生力好，较耐践踏。是冬春季的优良草坪草种。花果期4～8月。

[繁殖] 以播种繁殖为主，也可营无性繁殖。

[用途] 草地早熟禾生长年限较长，草质细软，颜色光亮鲜绿，绿期长，适宜于公园、医院、学校等处作观赏草坪。常与黑麦草、高羊茅、匍匐紫羊茅等混播建成运动场草坪。

## 香根草 *Vetiveria zizanioides* (L.) Nash

[科属] 禾本科，香根草属。

[形态特征] 多年生高大草本，根状茎粗壮。秆单生，下部常有压扁。叶片狭长线形，质硬，上部扁平。圆锥花序大型顶生，有轮生的分枝，分枝有3至多节，每节着生2小穗；小穗成熟后逐节脱落。

[分布] 原产欧洲。我国华东、华南地区有引种栽培。

[生态习性] 喜阳光，喜疏松、富含腐殖质和排水良好的土壤，不耐寒。花果期夏秋季。

[繁殖] 分蘖性强，用分根法繁殖。

[用途] 常种植于庭园门旁供观赏。因其根系极为发达，固土能力很强，可用于边坡治理。根有香气，可用来提取香料或作药用。

图206　草地早熟禾

图207　香根草

图 208 沟叶结缕草

图 209 中华结缕草

## 沟叶结缕草 *Zoysia matrella* (L.) Merr.

[别名] 半细叶结缕草、马尼拉结缕草。

[科属] 禾本科，结缕草属。

[形态特征] 多年生草本。具横走、细弱的根茎，须根细弱。秆直立，高 12～20cm，基部节间短。叶片质硬，内卷，上面有沟，无毛，顶端尖锐；叶鞘长于节间，叶舌短而不明显，顶端撕裂。总状花序细柱形，小穗黄褐色或略带紫色。

[分布] 分布于亚洲和大洋州热带地区，产于我国台湾地区及广东、海南等省。现黄河以南地区的广大城市应用广泛。

[生态习性] 抗旱力强、耐践踏、耐贫瘠、耐修剪、分蘖性强、覆盖度大，有较强的侵占能力，但生命期限较短。花果期 7～10 月。

[繁殖] 因种子难采到，故主要采用分株等营养繁殖法繁殖。

[用途] 本种抗性强、抗杂草性强，草色深绿，质地优良，已广泛应用于庭园绿地、公共绿地和运动场作草坪用，也是良好的水土保持草种。

## 中华结缕草 *Zoysia. sinica* Hance

[别名] 结缕草、青岛结缕草。

[科属] 禾本科，结缕草属。

[形态特征] 多年生草本。具根茎，匍匐茎发达。直立秆高 15～20cm。基部常见宿存的枯萎叶鞘。叶片披针形，比常见种结缕草稍窄，质地稍硬，扁平或边缘卷。总状花序穗形，成熟时完全伸出鞘外，小穗披针形，紫褐色。颖果棕褐色，长椭圆形。

[分布] 在我国东北、华中、华东及广东等地均有分布。日本也有分布。

[生态习性] 喜阳，耐低温也耐高温，耐干旱，喜盐碱性和干燥的沙质土，耐践踏性极强，常与其他禾草，莎草混生在海边沙滩、河岸、路旁，并形成优势群落。花果期 4～10 月。

[繁殖] 可用野生草籽直接播种或以栽培的草坪进行营养繁殖。

[用途] 多年生，低矮，是世界公认的优良草坪草。可用作公园、景区、庭园的休息草坪和运动场草坪，也可在河湖堤岸、铁路、公路边坡作绿化和水土保持之用。

图210 伞草

图211 萱草

图212 玉簪

**伞草** *Cyperus alternifolius* L. ssp. *flabelliformis* (Rottb.) Kukenth.

[别名] 旱伞草、水棕竹、风车草。

[科属] 莎草科，莎草属。

[形态特征] 多年生草本，根状茎短，粗大。秆丛生，粗壮，截面略呈三角形，不分枝。基部具无叶的鞘。叶片线形，叶鞘棕色。秆端有苞片20余枚，剑形至线形，较花序长。聚伞花序复出；小穗密集，椭圆形或长圆状披针形，集成头状，无花被。小坚果椭圆状三棱形。

[分布] 原产非洲西印度群岛，现世界各地广为栽培。

[生态习性] 喜温暖、潮湿和阴蔽的环境条件，忌阳光暴晒，也不耐干旱，在疏松、排水良好的沙质土壤中生长良好。水培观赏也可。

[繁殖] 分株繁殖为主，播种或用茎端扦插均可。

[用途] 株形独特，是布置水景园或附石盆景的良好材料。盆栽作室内观赏亦佳。

**萱草** *Hemerocallis fulva* (L.) L.

[别名] 黄花菜，金针菜、忘忧。

[科属] 百合科，萱草属。

[形态特征] 多年生宿根花卉。具极短的根状茎和肉质肥大纺锤状块根。叶基生，宽线形至线状披针形，排成二列，通常鲜绿色。圆锥花序近二歧蜗壳状，生于花葶顶端；花大型，橘红色至橘黄色，近漏斗状。蒴果椭圆形。种子黑色，有棱角。

[分布] 原产我国南方，在秦岭以南各省区均有野生分布。各地栽培很广。

[生态习性] 管理粗放，喜温暖，耐干旱，耐寒，在土壤肥沃、土层深厚、排水良好的沙壤土中生长良好。花期6~8月。花早上开放，晚上凋谢。

[繁殖] 分株繁殖为主，播种亦可。

[用途] 早春发叶早，适应性强，管理粗放，可用来布置花坛、花境，或在园林隙地、路边、草坪等处栽培作观赏地被；丛植、行植和片植均很相宜。

**玉簪** *Hosta plantaginea* (Lam.) Aschers.

[别名] 玉春棒、白鹤花。

[科属] 百合科，玉簪属。

[形态特征] 多年生草本。具粗短的根状茎。叶基生，宽大，有长柄，叶片心形、卵圆形或圆

形。花葶于夏秋两季从叶丛中抽出。总状花序，花被片下部合生成筒，花白色，有芳香，单生或2～3朵簇生于苞片内。蒴果近圆柱形，具3棱。

[分布] 原产我国及日本，全国各地均有栽培。

[生态习性] 喜阴湿环境和沙质肥沃土壤，喜温暖，较耐寒。花期8～9月，果期9～10月。

[繁殖] 用分株或播种法繁殖。

[用途] 本种花大型，具芳香，是一种良好的庭园观赏地被。全草还可药用。

## 紫萼 *Hosta ventricosa* (Salisb.) Stearn

[别名] 紫花玉簪。

[科属] 百合科，玉簪属。

[形态特征] 多年生草本，根状茎短。叶片卵状心形、卵圆形或卵形，先端近尾状或短渐尖，基部心形、圆形或近截形；叶柄长，边缘常下延成翅状。总状花序具花数至十数朵；苞片膜质，白色；花冠淡紫色，无香味。蒴果近圆柱状，有三棱。

[分布] 分布于我国秦岭以南各省区，日本及西伯利亚也有分布。我国园林中普遍栽培。

[生态习性] 喜阴湿环境，喜温暖，较耐寒；在土壤肥沃、土层深厚、排水良好的沙壤土中生长良好。花果期6～10月。

[繁殖] 分株或播种。

[用途] 观花、观叶植物。叶片密生，植株较矮，常用于花坛边缘或布置岩石园，也可散植于林缘或建筑物的背阴面。园林中有狭叶玉簪、嵌玉狭叶紫萼、波叶玉簪等观赏品种。根状茎民间供药用，可治跌打损伤、毒蛇咬伤等。

## 阔叶山麦冬 *Liriope muscari* (Decne.) Bailey

[别名] 阔叶麦冬、短葶山麦冬。

[科属] 百合科，山麦冬属。

[形态特征] 多年生草本。根状茎粗短，木质；根细长，局部膨大呈椭圆状或纺锤形的小块根。叶基生，革质，叶片宽线形，叶鞘膜质，褐色。花葶通常远长于或等于叶簇。总状花序，花常簇生于苞片腋内。花紫色或紫红色。蒴果不整齐开裂。种子近球形，小核果状，熟时黑色。

[分布] 原产我国和日本，在我国秦岭以南各省区均有分布。

图213　紫萼　　　　　　　　　　　　　图214　阔叶山麦冬

[生态习性] 喜温暖湿润和肥沃土壤，忌阳光直射，耐阴性强。常分布于山谷、林地、路旁。花期7~8月，果期9~10月。

[繁殖] 分株繁殖为主，播种也可。

[用途] 本种植物四季常绿，花色美丽，在庭园中常成片种植或作花坛、花境的边缘种植均可，与假山和岩石相配尤佳。也是作大面积地被的好材料。

## 麦冬 *Ophiopogon japonicus* (L.f.) Ker-Gawl.

[别名] 沿阶草、麦门冬、绣墩草、书带草。

[科属] 百合科，沿阶草属。

[形态特征] 根状茎粗短，具细长的地下走茎；根较细长，中部或近末段常膨大成椭圆形或纺锤形小块根。茎不明显。叶基生，无柄，叶片线形，边缘有细锯齿。花葶从叶丛中抽出，远短于叶簇；总状花序；苞片披针形；每花序生小花10朵左右，花紫色或淡紫色。蒴果不整齐开裂，种子圆球形，小核果状，熟时暗蓝色。

[分布] 原产我国。除华北、东北、西北地区外，我国多数地方有分布。日本、印度和越南也有。

[生态习性] 喜半阴，较耐寒，宜湿润环境，对土壤的要求不严。常生于山坡、林下的阴湿处或沟边草地。花期8~9月，果期10月。

[繁殖] 用分株或用切断根茎的方法繁殖，播种也可。

[用途] 庭园中可种在路边或花坛旁，也可作假山或岩石陪衬或镶边材料。能滞尘、抗有害气体，可作大面积地被植物使用。块根是著名中药，有滋阴生津、润肺止咳之效。

图215 麦冬

图216 吉祥草

## 吉祥草 *Reineckia carnea* (Andr.) Kunth

[别名] 观音草、松寿草、玉带草。

[科属] 百合科，吉祥草属。

[形态特征] 根状茎细长，在地表或浅土中匍匐横生。叶3~8枚簇生，叶片线状披针形或倒披针形，先端渐尖，下部渐狭成柄状。花葶侧生，远短于叶簇；穗状花序；小苞片淡褐色或带紫色，膜质，卵状披针形；花淡红色或淡紫色，花被反卷。浆果圆球形，红色或紫红色。种子白色。

[分布] 原产我国及日本，我国西南、华中、华南、华东和陕西等地均有分布。

[生态习性] 喜温暖、湿润环境，喜半阴，畏直射光，稍耐寒；不耐干燥和瘠薄。常生于阴湿山坡、山谷、密林下及水沟边。花果期9~11月。

[繁殖] 常用分株法繁殖。播种繁殖也可。

[用途] 株丛低矮，终年保持深绿，根系发达，生长健壮，覆盖地面效果快，是庭园或大面积绿化的优良材料。作乔木林下的地被尤为合适。

图 217  万年青

图 218  绵枣儿

## 万年青  *Rohdea japonica* (Thunb.) Roth

[科属] 百合科，万年青属。

[形态特征] 多年生常绿草本。地下根茎粗短，有多数纤维根。叶基生，带状或倒披针形，质厚，有光泽，全缘，常波状。花葶从叶丛中抽出，顶生穗状花序；花小，无柄，淡绿色，密集着生；浆果球形，红色。内有种子1枚。

[分布] 原产我国山东、江苏、浙江、江西、湖北、湖南、广西、贵州、四川等地。日本也有分布。我国各地常见栽培。

[生态习性] 常生于林下潮湿处或草地上。喜温暖湿润及半阴的环境。花期6~7月，果期8~10月。

[繁殖] 用播种或分株法繁殖。

[用途] 叶丛四季青翠，红果经冬不凋，是优美的观叶观果植物，也是民间常用的吉祥物。近年常在园林中当地被物使用。根茎和叶还可入药。

## 绵枣儿  *Scilla scilloides* (Lindl.) Druce

[科属] 百合科，绵枣儿属。

[形态特征] 多年生草本。鳞茎卵形或近圆球形，外有黑褐色鳞茎皮。叶基生，叶片通常2枚，倒披针形至狭带形。花葶常于叶枯萎后生出，通常1枚，稀2枚，高15~40厘米；花序总状；花小，紫红色、淡红色至白色。蒴果倒卵形，内有种子1~3枚。

[分布] 产于东北、华北、华东、中南及西南各地。日本、朝鲜及前苏联也有。

[生态习性] 常生于山坡草地、林缘及路旁。花果期9~10月。

[繁殖] 用鳞茎繁殖或自播繁殖。

[用途] 是一种适应性强、分布极广的地被物，可用作庭园和大地绿化。

图 219 白穗花

图 220 蜘蛛兰

白穗花 *Speirantha gardenii* (Hook.) Baill.

[科属] 百合科，白穗花属。

[形态特征] 多年生常绿草本植物。根状茎粗短，圆柱形。叶4～5枚，倒披针形、披针形或长椭圆形，亮绿色，基部扩大成鞘。

[分布] 是我国特有的单种属，分布于华东地区。

[生态习性] 喜阴湿处。在海拔800m处有成片生长。

[繁殖] 播种繁殖和分株繁殖均可。

[用途] 观花观叶均可，是城市园林绿化的良好地被物。

蜘蛛兰 *Hymenocallis littoralis* (Jacq.) Salisb.

[别名] 水鬼蕉。

[科属] 石蒜科，水鬼蕉属。

[形态特征] 多年生草本，具球形的鳞茎。叶基生，带形，深绿色，有光泽。花葶粗壮；伞形花序生于花葶之顶，有4～10余朵花；花被片白色，基部扩大并相连，上部线形。

[分布] 原产美洲热带，我国南方广为栽培。

[生态习性] 喜半阴，喜温暖至高温多湿气候，忌强光直射，喜肥沃，湿润和排水良好的黏质土，不耐寒冷和干旱。

[繁殖] 常用鳞茎繁殖。

[用途] 本种叶丛亮绿健壮，花姿别致，抗污染力强，宜用于林边、湖边、草地及立交桥下片植或列植，是一种观花观叶两宜的地被植物。

石蒜 *Lycoris radiata* (L'Her.) Herb.

[别名] 蟑螂花、龙爪花、三十六桶、平地一声雷。

[科属] 石蒜科，石蒜属。

[形态特征] 多年生宿根花卉。鳞茎近圆球形，具紫褐色皮膜。叶基生，叶片狭带状，深绿色，秋季抽出，翌夏枯萎。花茎在叶片枯后抽出；伞形花序顶生，有花4～7朵；花漏斗状，裂片狭倒披针形，鲜红色，边缘皱缩并向外卷曲。雄蕊比花被长1倍左右。

[分布] 原产我国和日本，在我国秦岭以南至长江流域和西南地区均有野生分布。

[生态习性] 耐高温多湿，怕阳光直射，耐寒力强；喜疏松肥沃、排水良好的土壤；常生长于阴湿山坡、林缘、山地路旁及溪旁石隙等处。花期8～10月。果期10～11月。

[繁殖] 蒴果常不能自然成熟，一般用分生小鳞茎进行繁殖。

[用途] 冬季时绿叶葱翠，夏季花期无叶，开花时一片艳红，富有感染力，是布置岩石园、草地、花境和切花的好材料，也是大地绿化的理想地被。鳞茎可提淀粉和作药用。

## 稻草石蒜　*Lycoris straminea* Lindl.

[别名] 麦秆黄石蒜

[科属] 石蒜科，石蒜属。

[形态特征] 多年生草本。鳞茎近圆球形，具皮膜。叶基生，线形，秋季抽出，翌夏枯萎；叶片带状，深绿色，中间有明显淡色带。伞形花序顶生，有花5～7朵；花漏斗状，稻草黄色，裂片近线状长圆形，背面有绿色中肋，边缘波状，上部强烈反卷。雄蕊比花被长1/3。

[分布] 分布于我国江苏、浙江等地，日本也有。

[生态习性] 习性与石蒜相同。花期8～10月。

[繁殖] 以小鳞茎进行繁殖。

[用途] 是布置岩石园、林间隙地、草坪、花境和切花的好材料，是大地绿化的理想地被。

## 韭莲　*Zephyranthes grandiflora* Lindl.

[别名] 风雨花、韭兰、红玉帘、红花菖蒲莲。

[科属] 石蒜科，葱莲属。

[形态特征] 多年生草本。鳞茎卵球形，有淡褐色皮膜。叶数枚基生，宽线形，扁平，浓绿色。花葶从叶丛中抽出，花单生，花梗较葱莲为长；花被玫瑰色或粉红色；花被管较葱兰明显；雄蕊长度为花被长度的2/3～4/5。

[分布] 原产中南美洲。我国各地园林常见栽培。

[生态习性] 喜温暖、湿润和阳光充足的环境，耐半阴，在肥沃、排水良好的壤土中生长良好，耐寒性比葱兰稍差。花期6～9月。

[繁殖] 用小鳞茎繁殖。

[用途] 花色鲜艳夺目，美丽雅致，适合作花坛、花境和和草地镶边，是一种常见的观赏地被。

图221　石蒜

图222　稻草石蒜

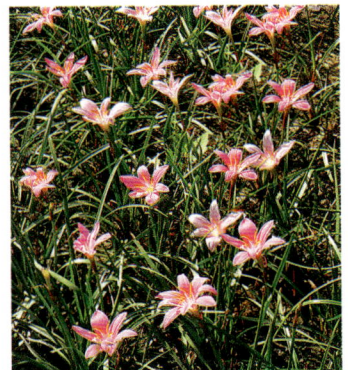

图223　韭莲

## 玉帘 *Zephyranthes candida* (Lindl.) Herb.

[别名] 葱莲、葱兰、菖蒲莲。

[科属] 石蒜科，葱莲属。

[形态特征] 多年生草本。鳞茎卵形，有明显的颈部。叶片基生，线形，扁圆形，肉质。花葶从叶丛中抽出，中空；花单生花葶顶端，花柄短，藏于佛焰苞状总苞内，花白色，常略带淡红色。雄蕊长约为花被的一半。蒴果近圆形。种子黑色。

[分布] 原产南美各国。我国各地园林均有引种栽培。

[生态习性] 喜向阳和温暖、湿润环境，耐旱性及耐寒性较强。花期8~11月。

[繁殖] 鳞茎的分生能力很强，常用分株繁殖。播种也可。

[用途] 株丛低矮紧密，叶片四季常绿，常用作花坛边缘、庭园绿地、花坛、花境、疏阴林地或草坪边缘的点缀地被。盆栽观赏也可。

## 射干 *Belamcanda chinensis* (L.) DC.

[别名] 扁竹兰、蚂螂花。

[科属] 鸢尾科，射干属。

[形态特征] 多年生草本。根状茎不规则结节状。茎直立。叶片剑形，互生，两列，嵌叠状排列；叶片剑形，基部鞘状抱茎。二歧状伞房花序顶生，花梗细；花冠橙红色，散生暗红色斑点；花被片6枚，呈不明显的二轮排列。蒴果倒卵形或长椭圆形。种子圆球形，黑色，具光泽。

[分布] 分布在我国、日本、朝鲜、前苏联、越南及印度等地，我国各省、区均有分布。

[生态习性] 性强健、耐寒冷，喜阳光充足，排水良好的壤土，自然界多野生于山坡、田边及疏林之下。栽培管理粗放。可露地越冬。花期7~8月；果期7~9月。

[繁殖] 播种或分株繁殖。

[用途] 园林中常种植于坡地或草坪，或沿路边条植，也可作切花材料，根茎还可药用。

图 224 玉帘

图 225 射干

图 226  蝴蝶花

图 227  黄菖蒲

**蝴蝶花**  *Iris japonica* Thunb.

[别名] 日本鸢尾、扁竹根。

[科属] 鸢尾科，鸢尾属。

[形态特征] 根状茎有直立和横走两种，前者扁圆形，后者入地浅且细弱。叶片剑形，暗绿色，有光泽。花葶直立，有分枝，高于叶片；稀疏总状聚伞花序顶生，苞片叶状，宽披针形或卵圆形，花淡紫或淡蓝色，花柱 3 歧，呈花瓣状，盖于花药之上。蒴果倒卵圆形，种子圆球形。

[分布] 原产我国长江流域，分布几遍全国。日本也有。

[生态习性] 喜阴湿、酸性的土壤环境，常生于林缘、路边或水沟边的阴湿处。花期 4～5 月。

[繁殖] 用分株或播种法繁殖。

[用途] 本属有许多品种可用作庭园绿化，可丛植、片植布置花坛、花境、山石路旁，也可用来布置岩石园，是庭园或大地绿化的常见观赏地被。

**黄菖蒲**  *Iris pseudacorus* L.

[别名] 菖蒲鸢尾。

[科属] 鸢尾科，鸢尾属。

[形态特征] 多年生草本。根状茎粗壮，斜伸，有明显结节；须根黄白色，有皱横纹。基生叶片宽剑形，中脉明显。花茎粗壮，具明显纵纹，上部有分枝；茎生叶的叶片较基生叶片短而窄；苞片 3～4 枚，膜质，披针形；花黄色，花柱分枝淡黄色，裂片顶端半圆形，边缘有疏齿。

[分布] 原产欧洲至亚洲西部，我国各地常见栽培。

[生态习性] 喜水湿，也耐干燥。在水畔或浅水中生长良好。花期 4～5 月，果期 6～8 月。

[繁殖] 用分株或播种法繁殖。

[用途] 是优良的观赏性地被，也是布置水洼、湿地或布置鸢尾专类园的好材料。

图 228  小花鸢尾

图 229  鸢尾

小花鸢尾  *Iris speculatrix* Hance

[别名] 华鸢尾。

[科属] 鸢尾科，鸢尾属。

[形态特征] 根较粗壮，少分枝。叶基生，叶片剑形或线形。花葶高 20～25cm，上有茎生叶 1～2 枚；苞片 2～3 枚，内有花 1～2 朵；花蓝紫色或淡蓝白色，外轮花被裂片匙形，有紫色环形斑纹；外轮花被裂片狭倒披针形，直立；花柱分枝扁平，于花被裂片同色。蒴果椭圆形。种子多面体，有小翅。

[分布] 分布于我国安徽、江西、浙江、福建、湖北、湖南、贵州及陕西等地。

[生态习性] 耐阴、耐寒，在排水良好而适度湿润的壤土中生长良好。花期 5 月，果期 7～8 月。

[繁殖] 可采用分株法繁殖。

[用途] 本种是我国乡土植物。因四季常绿，抗逆性强，花美丽，可用来布置花坛、花境，是一种颇有开发潜力的野生观赏地被物。

鸢尾  *Iris tectorum* Maxim.

[别名] 蓝蝴蝶、铁扁担、爱丽丝。

[科属] 鸢尾科，鸢尾属。

[形态特征] 多年生草本植物，根状茎粗壮。叶基生，宽剑形至线形。花茎从叶丛中抽出，有花 1～2 朵。外轮花被 3 枚大而下垂，内轮 3 枚较小，蓝紫色；子房纺锤状圆柱形，花柱 3 裂，呈花瓣状，淡蓝色，盖于花药之上。蒴果长圆形至椭圆形。种子褐色，具假种皮。

[分布] 原产我国云南、四川、江苏和浙江一带山林中，我国各地园林均有栽培。

[生态习性] 喜生于排水良好、适度湿润，微酸性土壤；自然生长于向阳坡地，林缘及水边，耐寒性较强。花期 4～5 月，果期 6～8 月。

[繁殖] 大多采用分株法繁殖，种子繁殖也可。

[用途] 鸢尾叶片青翠、花形奇特、品种繁多、花色美丽，在园林中丛植、片植均宜，可来布置花坛、花境，作切花和地被物亦佳。

## 大花美人蕉　*Canna generalis* Bailey

[别名] 法国美人蕉。

[科属] 美人蕉科，美人蕉属。

[形态特征] 多年生草本，具块状的根状茎。地上茎为叶鞘抱合成的假茎，直立，粗壮，被白粉。叶茎生，叶片长圆形至椭圆形，先端急尖或长渐尖，基部宽楔形。总状花序或圆锥花序长出叶面之上；总苞片佛焰苞状，绿色或带紫色；苞片绿白色；萼片3枚，宿存，花瓣3，下部合生，红色；有时有红色或玫瑰红色大溅斑；雄蕊瓣化。蒴果密生小疣状突起。

[分布] 原产美洲热带和亚热带。本种为园艺杂交种，我国各地均有栽培。

[生态习性] 喜高温，喜光，怕强风，不耐寒，在肥沃、排水良好的沙壤土中生长良好。花果期为夏秋季。

[繁殖] 用分株或扦插法繁殖。

[用途] 本种花大色艳，花色多种，花期较长，枝叶繁茂，管理容易，可作花坛、花带的材料或植于草坪、湖岸、池旁。是优良的阳性地被植物。

## 白芨　*Bletilla striata* (Thunb.) Rchb.f.

[别名] 凉姜、紫兰。

[科属] 兰科，白芨属。

[形态特征] 多年生草本，假鳞茎扁球形，黄白色，外面有荸荠样的环纹。叶互生，3~6枚，带状披针形至长椭圆形，先端渐尖，基部鞘状抱茎。总状花序从叶丛中抽出，有花3~8朵，花紫红色。蒴果纺锤状，熟时淡黄色，种子极小。

[分布] 原产我国，在长江流域和西南各省均有分布。

[生态习性] 喜温暖、潮湿环境，稍耐阴，不耐寒。夏季干旱时叶片易发黄，下霜后地上部分枯萎。尤宜在排水良好的肥沃沙壤土中生长。花期4~5月，果期7~9月。

[繁殖] 一般均采用分球根法繁殖。

[用途] 花色艳丽，是一种耐阴的观花地被植物。宜作疏林下的地被物，也可以用来布置花境和岩石园，作自然丛植及盆栽观赏。假鳞茎可以药用。

图230　大花美人蕉

图231　白芨

# 附录1　常见地被植物的生态习性及其利用表

| 科名 | 中名 | 拉丁名 | 低 | 中 | 高 | 小乔木 | 灌木 | 藤本 | 多年生 | 越年生 | 一年生 | 常绿 | 半常绿 | 落叶 | 向阳 | 阴湿 | 湿地 | 耐热 | 耐寒 | 耐旱 | 耐荫 | 耐酸 | 耐瘠 | 盖地面 | 观叶 | 观花 | 观果 | 地面 | 斜坡 | 林下 | 棚架 | 岩缝 |
|---|---|---|---|---|---|---|---|---|---|---|---|---|---|---|---|---|---|---|---|---|---|---|---|---|---|---|---|---|---|---|---|---|
| 卷柏科 | 翠云草 | *Selaginella uncinata* | √ | | | | | | √ | | | √ | | | | √ | | | | | √ | | | √ | | | | √ | √ | | | √ |
| 里白科 | 芒萁 | *Dicranopteris pendata* | | √ | | | | | √ | | | | √ | | √ | | | √ | | | √ | | | √ | √ | | | √ | √ | | | |
| 海金沙科 | 海金沙 | *Lygodium japonicum* | | | | | | √ | √ | | | √ | | | √ | | | √ | | | | | | √ | | | | √ | | | √ | |
| 蕨科 | 蕨 | *Pteridium aquilinum* var. *latiusculum* | | | √ | | | | √ | | | | | | √ | | | √ | | √ | | | | √ | | | | √ | | | | |
| 凤尾蕨科 | 井栏边草 | *Pteris multifida* | √ | | | | | | √ | | | √ | | | | √ | | √ | | √ | √ | | | √ | √ | | | √ | | | | √ |
| 金星蕨科 | 延羽卵果蕨 | *Phegopteris decursive pinnata* | | √ | | | | | | | √ | | | | √ | | √ | | √ | | √ | | | √ | √ | | | √ | | √ | | |
| 乌毛蕨科 | 胎生狗脊 | *Woodwardia prolifera* | | | √ | | | | √ | | | | | | √ | | √ | | | | √ | | | | √ | | | | √ | √ | | |
| 鳞毛蕨科 | 贯众 | *Cyrtomium fortunei* | √ | | | | | | √ | | | √ | | | | √ | | √ | | √ | √ | | | √ | √ | | | √ | | | | √ |
| 肾蕨科 | 肾蕨 | *Nephrolepis auriculata* | √ | | | | | | √ | | | √ | | | | √ | | √ | | √ | √ | | | √ | √ | | | √ | | | | √ |
| 水龙骨科 | 盾蕨 | *Neolepisorus ovatus* | √ | | | | | | √ | | | √ | | | | √ | | √ | | √ | √ | | | √ | √ | | | √ | | | | |
| 水龙骨科 | 庐山石韦 | *Pyrrosia sheareri* | √ | | | | | | √ | | | √ | | | √ | | | √ | | √ | | | | √ | | | | | | | √ | √ |
| 槲蕨科 | 槲蕨 | *Drynaria fortunei* | | √ | | | | | √ | | | √ | | | √ | | | √ | | √ | | | | √ | | | | √ | | | | √ |
| 柏科 | 金叶千头柏 | *Platycladus orientalis* 'Semperaurea' | | | | | √ | √ | | | | √ | | | √ | | | √ | √ | √ | | | | √ | √ | | | √ | √ | | | |
| 柏科 | 球柏 | *Sabina chinensis* 'Globosa' | | √ | | | √ | √ | | | | √ | | | √ | | | √ | √ | √ | | | | √ | √ | | | √ | √ | | | |
| 柏科 | 铺地柏 | *S. procumbens* | | √ | | | √ | | | | | √ | | | √ | | | √ | √ | √ | | | | √ | √ | | | √ | √ | | | |
| 柏科 | 沙地柏 | *S. vulgaris* | √ | | | | √ | | | | | √ | | | √ | | | √ | √ | √ | | | | √ | √ | | | √ | √ | √ | | |
| 三白草科 | 蕺菜 | *Houttuynia cordata* | √ | | | | | | √ | | | | | | | √ | √ | | | √ | | | | √ | √ | | | √ | | | | |
| 桑科 | 薜荔 | *Ficus pumila* | √ | | | | | √ | | | | √ | | | | √ | | √ | | √ | √ | | | √ | | | √ | √ | | | √ | |
| 马兜铃科 | 杜衡 | *Asarum forbesii* | √ | | | | | | √ | | | √ | | | | √ | | √ | | √ | | | | √ | √ | √ | | √ | | √ | | |
| 荨麻科 | 花叶冷水花 | *Pilea cadierei* | √ | | | | | | √ | | | | | | | √ | | √ | | √ | | | | √ | √ | | | √ | | | | |
| 蓼科 | 火炭母 | *Polygonum chinense* | | √ | | | | | √ | | | | | | √ | √ | | | √ | √ | | | | √ | √ | | | √ | | | | |
| 蓼科 | 何首乌 | *P. multiflorum* | | | √ | | | √ | √ | | | | √ | | √ | √ | | √ | | √ | | | | √ | √ | √ | | √ | √ | √ | | |

134

| 科名 | 中名 | 拉丁名 | 低 | 中 | 高 | 小乔木 | 灌木 | 藤本 | 多年生 | 越年生 | 一年生 | 常绿 | 半常绿 | 落叶 | 向阳 | 阴湿 | 湿地 | 耐热 | 耐寒 | 耐旱 | 耐荫 | 耐酸 | 耐瘠 | 盖地 | 观叶 | 观花 | 观果 | 地面 | 斜坡 | 林下 | 棚架 | 岩缝 |
|---|---|---|---|---|---|---|---|---|---|---|---|---|---|---|---|---|---|---|---|---|---|---|---|---|---|---|---|---|---|---|---|---|
|  | 荭蓼 | *P.orientale* |  |  | ✓ |  |  |  |  |  | ✓ |  |  |  | ✓ |  | ✓ | ✓ |  | ✓ |  |  |  |  |  | ✓ |  | ✓ | ✓ |  |  |  |
| 藜科 | 扫帚菜 | *Kochia scoparia 'trichophylla'* | ✓ |  |  |  |  |  |  |  | ✓ |  |  |  | ✓ |  |  | ✓ |  | ✓ |  |  | ✓ | ✓ | ✓ |  |  | ✓ | ✓ |  |  |  |
|  | 厚皮菜 | *Beta vulgaris var. cicla* | ✓ |  |  |  |  |  |  | ✓ |  |  |  |  | ✓ |  |  | ✓ | ✓ |  |  |  |  |  |  | ✓ |  |  | ✓ |  |  |  |  |
|  | 鸡冠花 | *Celosia cristata* | ✓ |  |  |  |  |  |  |  | ✓ |  |  |  | ✓ |  |  | ✓ |  |  |  |  |  |  |  | ✓ | ✓ |  | ✓ |  |  |  |  |
| 苋科 | 五色苋 | *Alternanthera ficoidea 'Bettzickiana'* | ✓ |  |  |  |  | ✓ |  |  |  |  |  | ✓ |  |  |  | ✓ |  |  | ✓ |  |  | ✓ | ✓ | ✓ |  |  | ✓ |  |  |  |  |
|  | 千日红 | *Gomphrena globosa* |  | ✓ |  |  |  |  |  |  | ✓ |  |  |  | ✓ |  |  | ✓ |  |  |  |  |  |  |  |  | ✓ |  | ✓ |  |  |  |  |
|  | 苋 | *Amaranthus tricolor* |  | ✓ |  |  |  |  |  | ✓ |  |  |  |  | ✓ |  |  | ✓ |  |  |  |  |  |  |  | ✓ | ✓ |  | ✓ |  |  |  |  |
| 紫茉莉科 | 光叶子花 | *Bougainvillea glabra* |  |  | ✓ |  | ✓ |  |  |  |  | ✓ |  | ✓ | ✓ |  | ✓ |  | ✓ | ✓ |  |  |  |  | ✓ |  | ✓ | ✓ |  | ✓ | ✓ |
|  | 紫茉莉 | *Mirabilis jalapa* |  | ✓ |  |  | ✓ |  |  |  |  |  |  | ✓ | ✓ |  | ✓ | ✓ |  |  |  |  |  | ✓ | ✓ | ✓ | ✓ |
| 商陆科 | 美州商陆 | *Phytolacca americana* |  | ✓ |  |  | ✓ |  |  |  |  |  | ✓ |  | ✓ |  |  |  |  |  |  |  | ✓ | ✓ |
| 马齿苋科 | 大花马齿苋 | *Portulaca grandiflora* | ✓ |  |  |  |  |  |  | ✓ |  |  |  | ✓ |  |  | ✓ |  | ✓ |  |  |  | ✓ |  | ✓ |
| 石竹科 | 须苞石竹 | *Dianthus barbatus* |  | ✓ |  |  |  | ✓ |  |  |  |  |  | ✓ |  |  | ✓ |  |  |  |  | ✓ |  | ✓ |
|  | 石竹 | *D.chinensis* | ✓ |  |  |  |  | ✓ |  |  |  |  |  | ✓ |  |  |  |  |  |  | ✓ |  | ✓ |
|  | 剪春罗 | *Lychnis coronata* |  | ✓ |  |  |  | ✓ |  |  |  |  | ✓ |  |  | ✓ |  |  | ✓ |  | ✓ |
|  | 矮雪轮 | *Silene pendula* | ✓ |  |  |  |  | ✓ | ✓ |  |  |  | ✓ |  |  |  |  |  | ✓ |  | ✓ |
| 毛茛科 | 女萎 | *Clematis apiifolia* |  |  | ✓ |  | ✓ |  |  | ✓ | ✓ |  |  | ✓ | ✓ | ✓ |  | ✓ |  | ✓ |  | ✓ | ✓ |
|  | 飞燕草 | *Consolida ambigua* |  | ✓ |  |  |  | ✓ |  |  |  | ✓ |  |  |  |  |  |  | ✓ |  | ✓ |
|  | 芍药 | *Paeonia lactiflora* |  | ✓ |  |  |  | ✓ |  |  |  | ✓ | ✓ |  | ✓ |  |  |  | ✓ |  | ✓ |
|  | 小毛茛 | *Ranunculus ternatus* | ✓ |  |  |  |  | ✓ |  |  |  | ✓ |  |  |  |  |  | ✓ |  | ✓ |
| 木通科 | 木通 | *Akebia quinata* |  | ✓ |  |  | ✓ |  |  | ✓ | ✓ | ✓ |  |  |  |  | ✓ |  | ✓ |
|  | 长柱小檗 | *Berberis lempergiana Ahrendt* |  | ✓ |  | ✓ |  |  |  | ✓ | ✓ |  | ✓ |  |  | ✓ | ✓ | ✓ |
| 小檗科 | 六角莲 | *Dysosma pleiantha* | ✓ |  |  |  | ✓ |  | ✓ |  |  | ✓ |  | ✓ |  | ✓ |  | ✓ |
|  | 阔叶十大功劳 | *Mahonia bealei* |  | ✓ | ✓ |  |  |  | ✓ | ✓ |  | ✓ |  | ✓ |
|  | 十大功劳 | *M.fortunei* |  | ✓ | ✓ |  | ✓ | ✓ | ✓ | ✓ | ✓ | ✓ | ✓ |  | ✓ |
|  | 南天竹 | *Nandina domestica* |  | ✓ | ✓ |  | ✓ | ✓ | ✓ | ✓ | ✓ | ✓ | ✓ |  | ✓ |
| 防已科 | 木防已 | *Cocculus orbiculatus* |  | ✓ |  | ✓ | ✓ |  | ✓ | ✓ | ✓ | ✓ | ✓ | ✓ |
| 罂粟科 | 刻叶紫堇 | *Corydalis incisa* |  | ✓ |  | ✓ | ✓ | ✓ | ✓ | ✓ | ✓ | ✓ |
|  | 荷包牡丹 | *Dicentra spectabilis* | ✓ |  |  | ✓ | ✓ | ✓ | ✓ |
|  | 花菱草 | *Eschscholtzia californica* |  | ✓ |  | ✓ | ✓ | ✓ | ✓ | ✓ | ✓ |
|  | 虞美人 | *Papaver rhoeas* |  | ✓ | ✓ | ✓ | ✓ | ✓ | ✓ | ✓ | ✓ |

| 植物名称 | | | 高度 | | | 植物类型 | | | | | | 落叶型 | | | 生境 | | | 抗逆性 | | | | | | 应用目的 | | | | 应用场地 | | | | |
|---|---|---|---|---|---|---|---|---|---|---|---|---|---|---|---|---|---|---|---|---|---|---|---|---|---|---|---|---|---|---|---|---|
| 科名 | 中名 | 拉丁名 | 低 | 中 | 高 | 小乔木 | 灌木 | 藤本 | 草本多年生 | 草本越年生 | 草本一年生 | 常绿 | 半常绿 | 落叶 | 向阳 | 阴湿 | 湿地 | 耐热 | 耐寒 | 耐旱 | 耐荫 | 耐酸 | 耐瘠 | 盖地 | 观叶 | 观花 | 观果 | 地面 | 斜坡 | 林下 | 棚架 | 岩缝 |
| 白花菜科 | 醉蝶花 | *Cleome spinosa* | | | ✓ | | | | | | ✓ | | | | ✓ | | | ✓ | | ✓ | ✓ | | | ✓ | | ✓ | ✓ | ✓ | ✓ | | | |
| 十字花科 | 羽衣甘蓝 | *Brassica oleracea* var. *acephala tricolor* | | ✓ | | | | | | ✓ | | | | | ✓ | | | | ✓ | | | | | | ✓ | ✓ | | | ✓ | ✓ | | | |
| | 香雪球 | *Lobularia maritima* | ✓ | | | | | | | ✓ | | | | | ✓ | ✓ | | | ✓ | | | | | ✓ | | ✓ | | | ✓ | ✓ | | | |
| | 诸葛菜 | *Orychophragmus violaceus* | | ✓ | | | | | | ✓ | | | | | ✓ | | | | ✓ | | | | | ✓ | | ✓ | | | ✓ | ✓ | | | |
| 景天科 | 八宝景天 | *Hylotelephium erythrostictum* | | ✓ | | | | | ✓ | | | | | | ✓ | ✓ | | ✓ | ✓ | ✓ | | | ✓ | ✓ | ✓ | ✓ | | ✓ | | | ✓ | ✓ |
| | 东南景天 | *S. alfredii* | ✓ | | | | | | ✓ | | | | | | ✓ | ✓ | | ✓ | ✓ | ✓ | ✓ | | ✓ | ✓ | ✓ | | | ✓ | | | | ✓ |
| | 佛甲草 | *S. lineare* | ✓ | | | | | | ✓ | | | | | | ✓ | ✓ | | ✓ | ✓ | ✓ | ✓ | | ✓ | ✓ | ✓ | | | ✓ | ✓ | | ✓ | ✓ |
| | 垂盆草 | *S. sarmentosum* | ✓ | | | | | | ✓ | | | | | | ✓ | ✓ | | ✓ | ✓ | ✓ | ✓ | | ✓ | ✓ | ✓ | | | ✓ | | | | ✓ |
| 虎耳草科 | 绣球 | *Hydrangea macrophylla* | | ✓ | | | ✓ | | | | | | | ✓ | | ✓ | | | | ✓ | | ✓ | ✓ | | ✓ | ✓ | | ✓ | | | | |
| | 虎耳草 | *Saxifraga stolonifera* | ✓ | | | | | | ✓ | | | ✓ | | | | ✓ | | | ✓ | | | | | | ✓ | ✓ | | ✓ | | | | ✓ |
| 海桐花科 | 海桐 | *Pittosporum tobira* | | ✓ | | | ✓ | | | | | ✓ | | | ✓ | ✓ | | ✓ | | | | | | ✓ | ✓ | ✓ | ✓ | ✓ | | | | |
| 金缕梅科 | 小叶蚊母树 | *Distylium buxifolium* | ✓ | | | | ✓ | | | | | ✓ | | | ✓ | ✓ | | ✓ | | ✓ | | | | | ✓ | | ✓ | ✓ | | | | ✓ |
| | 檵木 | *Loropetalum chinense* | | ✓ | | | ✓ | | | | | | ✓ | | ✓ | ✓ | | ✓ | ✓ | ✓ | | | | | ✓ | ✓ | ✓ | ✓ | | | | |
| | 红花檵木 | *L. chinense* var. *rubrum* | | ✓ | | | ✓ | | | | | | ✓ | | ✓ | ✓ | | ✓ | ✓ | ✓ | | | | | ✓ | ✓ | ✓ | ✓ | | | | |
| 蔷薇科 | 日本木瓜 | *Chaenomeles japonica* | | ✓ | | | ✓ | | | | | | ✓ | | ✓ | | | ✓ | | | | | | ✓ | ✓ | ✓ | ✓ | ✓ | | | | |
| | 平枝栒子 | *Cotoneaster horizontalis* | | ✓ | | | ✓ | | | | | | ✓ | | ✓ | ✓ | | ✓ | | ✓ | | | | ✓ | | ✓ | ✓ | ✓ | | | | ✓ |
| | 蛇莓 | *Duchesnea indica* | ✓ | | | | | | ✓ | | | | | | ✓ | ✓ | | ✓ | | ✓ | ✓ | | | ✓ | ✓ | | ✓ | ✓ | | | | |
| | 棣棠花 | *Kerria japonica* | | ✓ | | | ✓ | | | | | | ✓ | | ✓ | | | ✓ | | ✓ | | | | | ✓ | | ✓ | ✓ | | | | |
| | 蛇含委陵菜 | *Potentilla sandaica* | ✓ | | | | | | ✓ | | | | | | ✓ | ✓ | | ✓ | ✓ | ✓ | | | | ✓ | ✓ | | ✓ | | | | |
| | 火棘 | *Pyracantha fortuneana* | | | ✓ | | ✓ | | | | | ✓ | | | ✓ | ✓ | | ✓ | ✓ | ✓ | | | | ✓ | | ✓ | ✓ | ✓ | | | | ✓ |
| | 蓬蘽 | *Rubus hirsutus* | | ✓ | | | ✓ | | | | | | ✓ | | ✓ | | | | ✓ | ✓ | | | | | ✓ | | ✓ | ✓ | ✓ | | | |
| | 高粱泡 | *R. lambertianus* | | ✓ | | | ✓ | | | | | | ✓ | | ✓ | ✓ | | ✓ | ✓ | ✓ | | | | | ✓ | | ✓ | ✓ | | | | |
| | 茅莓 | *R. parvifolius* | | ✓ | | | ✓ | | | | | | ✓ | | ✓ | ✓ | | ✓ | ✓ | ✓ | | | | | ✓ | | ✓ | ✓ | | | | |
| | 木香花 | *Rosa banksiae* | | ✓ | | | | ✓ | | | | | ✓ | | ✓ | ✓ | | ✓ | ✓ | ✓ | | | | | | ✓ | | | ✓ | | ✓ | |
| | 硕苞蔷薇 | *R. bracteata* | | ✓ | | | ✓ | | | | | ✓ | | | ✓ | | | | | ✓ | | | | | | | ✓ | ✓ | | | | |
| | 月季花 | *R. chinensis* | | ✓ | | | ✓ | | | | | ✓ | | | ✓ | | | ✓ | | ✓ | | | | | | ✓ | | ✓ | ✓ | | | |

| 植物名称 | | | 高度 | | | 植物类型 | | | 草本 | | | 落叶型 | | | 生境 | | | 抗逆性 | | | | | | 应用目的 | | | | 应用场地 | | | | |
|---|---|---|---|---|---|---|---|---|---|---|---|---|---|---|---|---|---|---|---|---|---|---|---|---|---|---|---|---|---|---|---|---|
| 科名 | 中名 | 拉丁名 | 低 | 中 | 高 | 小乔木 | 灌木 | 藤本 | 多年生 | 越年生 | 一年生 | 常绿 | 半常绿 | 落叶 | 向阳 | 阴 | 湿地 | 耐热 | 耐寒 | 耐旱 | 耐荫 | 耐酸 | 耐瘠 | 盖地 | 观叶 | 观花 | 观果 | 地面 | 斜坡 | 林下 | 棚架 | 岩缝 |
| 蔷薇科 | 金樱子 | R.laevigata | | ✓ | | ✓ | | | | | | ✓ | | | ✓ | | | ✓ | | ✓ | | ✓ | | ✓ | | ✓ | ✓ | ✓ | ✓ | | | ✓ |
| | 野蔷薇 | R.multiflora | | | ✓ | ✓ | ✓ | | | | | | ✓ | | ✓ | | | | | ✓ | | ✓ | | | | ✓ | ✓ | ✓ | | | | ✓ | ✓ |
| | 七姐妹 | R.multiflora | | | ✓ | ✓ | ✓ | | | | | | ✓ | | ✓ | | | | | | | | | | ✓ | ✓ | ✓ | | | | ✓ | |
| | 缫丝花 | R.roxburghii | | ✓ | | ✓ | | | | | | | ✓ | | ✓ | | | | ✓ | | | | | ✓ | ✓ | ✓ | ✓ | | | | | |
| | 麻叶绣线菊 | Spiraea cantoniensis | | | ✓ | | ✓ | | | | | | | ✓ | ✓ | | | | ✓ | | | | | | | ✓ | | | | | |
| | 粉花绣线菊 | S.japonica | | ✓ | | | ✓ | | | | | | | ✓ | | | | | ✓ | | | | | | | ✓ | | | | | |
| | 李叶绣线菊 | S.prunifolia | | | ✓ | | ✓ | | | | | | | ✓ | | | | | ✓ | | | | | | | ✓ | | | | | |
| 豆科 | 紫穗槐 | Amorpha fruticosa | | | ✓ | ✓ | | | | | | | | ✓ | ✓ | | | ✓ | | ✓ | | | | ✓ | | | | | | | | ✓ |
| | 直立黄芪 | Astragalus adsurgens | | | | | | | ✓ | ✓ | | | | | | | | | | | | | | | | | | | | | | |
| | 云实 | Caesalpinia decapetala | | | ✓ | | ✓ | | | | | | | ✓ | ✓ | | | | | ✓ | | ✓ | | | | | | | | | ✓ | ✓ |
| | 锦鸡儿 | Caragana sinica | | ✓ | | | ✓ | | | | | | | ✓ | ✓ | | | | | ✓ | | | | | | | | | | | | ✓ |
| | 马棘 | Indigofera pseudotinctoria | | | ✓ | | ✓ | | | | | | | ✓ | ✓ | | | | | ✓ | | | ✓ | | | | | | | | | |
| | 鸡眼草 | Kummerowia striata | ✓ | | | | | | | | ✓ | | | | ✓ | | | | | ✓ | | | | ✓ | | | | | | | | |
| | 胡枝子 | Lespedeza bicolor | | ✓ | | | ✓ | | | | | | | ✓ | ✓ | | | | | ✓ | | | | | | | | | | | | |
| | 百脉根 | Lotus corniculatus | | ✓ | | | | | ✓ | | | | | | ✓ | ✓ | | | | ✓ | | | | ✓ | | | | | ✓ | ✓ | | |
| | 紫花苜蓿 | Medicago sativa | | ✓ | | | | | ✓ | | | ✓ | | | ✓ | ✓ | | | | ✓ | | | | | | | | | | | | |
| | 葛藤 | Pueraria lobata | | | ✓ | | | ✓ | | | | | | | ✓ | | | | | ✓ | | | | | | ✓ | | | | | ✓ | |
| | 苦参 | Sophora flavescens | | | ✓ | ✓ | | | | | | | | ✓ | ✓ | | | | | ✓ | | | | | | | | | | | | |
| | 白三叶 | Trifolium repens | ✓ | | | | | | ✓ | | | ✓ | | | ✓ | | | | | ✓ | ✓ | | | ✓ | ✓ | | | ✓ | ✓ | | | |
| | 救荒野豌豆 | Vicia sativa | | | | | | ✓ | | ✓ | ✓ | | | | ✓ | ✓ | | | | ✓ | | | | | | | | | | | | |
| | 紫藤 | Wisteria sinensis | | | ✓ | | | ✓ | | | | | | | ✓ | ✓ | ✓ | | ✓ | ✓ | ✓ | | | | | | ✓ | | | | | ✓ | ✓ |
| 酢浆草科 | 酢浆草 | Oxalis corniculata | ✓ | | | | | | ✓ | | | | | | ✓ | ✓ | | | | | | | | ✓ | | | | ✓ | ✓ | | | ✓ |
| | 多花酢浆草 | Oxalis martiana | ✓ | | | | | | ✓ | | | | | | ✓ | | | | | | | | | ✓ | | | | | | | | |
| 拢牛儿苗科 | 天竺葵 | Pelargonium hortorum | | ✓ | | | | | ✓ | | | ✓ | | | ✓ | | | | | | | | | | | ✓ | | | | | | |
| | 盾叶天竺葵 | P.peltatum | | ✓ | | | | ✓ | | | | ✓ | | | ✓ | | | | | | | | | | ✓ | ✓ | | | | | | |
| 金莲花科 | 旱金莲 | Tropaeolum majus | | ✓ | | ✓ | ✓ | | | | | | | ✓ | | | | | | | | | | | | ✓ | | | | | | |
| 大戟科 | 银边翠 | Euphorbia marginata | | ✓ | | | | | | | ✓ | | | | ✓ | | | | | | | | | | ✓ | | | | | | | |
| | 一品红 | E.pulcherrima | | ✓ | | | ✓ | | | | | | | ✓ | ✓ | | | | | | | | | | ✓ | ✓ | | | | | | |
| 黄杨科 | 黄杨 | Buxus sinica | | | ✓ | ✓ | | | | | | ✓ | | | ✓ | | | ✓ | ✓ | | | | | ✓ | ✓ | | | | ✓ | ✓ | |

| 植物名称 | | | 高度 | | | 植物类型 | | | | | | 落叶型 | | | 生境 | | | 抗逆性 | | | | | | 应用目的 | | | | 应用场地 | | | | |
|---|---|---|---|---|---|---|---|---|---|---|---|---|---|---|---|---|---|---|---|---|---|---|---|---|---|---|---|---|---|---|---|---|
| 科名 | 中名 | 拉丁名 | 低 | 中 | 高 | 小乔木 | 灌木 | 藤本 | 多年生 | 越年生 | 一年生 | 常绿 | 半常绿 | 落叶 | 向阳 | 阴 | 湿地 | 耐热 | 耐寒 | 耐旱 | 耐荫 | 耐酸 | 耐瘠 | 盖地面 | 观叶 | 观花 | 观果 | 地面 | 斜坡 | 林下 | 棚架 | 岩缝 |
| 冬青科 | 枸骨 | *Ilex cornuta* | | | ✓ | ✓ | ✓ | | | | | ✓ | | | ✓ | ✓ | | ✓ | ✓ | | | | | ✓ | ✓ | ✓ | | ✓ | ✓ | | | ✓ |
| 卫矛科 | 扶芳藤 | *Euonymus fortunei* | | ✓ | | | | ✓ | | | | ✓ | | | ✓ | ✓ | | ✓ | ✓ | | | | | ✓ | ✓ | | | ✓ | ✓ | ✓ | ✓ | ✓ |
| | 冬青卫矛 | *E.japonicus* | | ✓ | | | ✓ | | | | | ✓ | | | ✓ | | | ✓ | ✓ | ✓ | | | | ✓ | ✓ | | | ✓ | ✓ | | | ✓ |
| 凤仙花科 | 凤仙花 | *Impatiens balsamina* | | ✓ | | | | | | | ✓ | | | | ✓ | | | ✓ | | | | | | | | ✓ | | ✓ | | | | |
| 葡萄科 | 异叶爬山虎 | *Parthenocissus dalzielii* | | | | | | ✓ | | | | | | ✓ | ✓ | ✓ | | ✓ | ✓ | ✓ | | | | | ✓ | | | | | | | ✓ |
| | 爬山虎 | *P.tricuspidata* | | | | | | ✓ | | | | | | ✓ | ✓ | ✓ | | ✓ | ✓ | ✓ | | | | | ✓ | | | ✓ | | | ✓ | ✓ |
| 山茶科 | 冬红茶梅 | *Camellia hiemalis* | | ✓ | | | ✓ | | | | | ✓ | | | ✓ | | | ✓ | ✓ | | | ✓ | | | | ✓ | | ✓ | | | | |
| 藤黄科 | 金丝桃 | *Hypericum monogynum* | | ✓ | | | ✓ | | | | | | ✓ | | ✓ | ✓ | | ✓ | ✓ | | | | | | | ✓ | | ✓ | ✓ | | | |
| | 金丝梅 | *H.patulum* | | ✓ | | | ✓ | | | | | | ✓ | | ✓ | ✓ | | ✓ | ✓ | | | | | | | ✓ | | ✓ | ✓ | | | |
| 堇菜科 | 紫花地丁 | *Viola philippica* | ✓ | | | | | | ✓ | | | | | | ✓ | ✓ | | ✓ | ✓ | ✓ | | | | | | ✓ | | ✓ | | | | |
| | 三色堇 | *V.tricolor* | ✓ | | | | | | | ✓ | | | | | ✓ | | | ✓ | ✓ | | | | | | | ✓ | | ✓ | | | | |
| 秋海棠科 | 四季海棠 | *Begonia cucullata* | ✓ | | | | | | ✓ | | | | | | ✓ | ✓ | | ✓ | | | | | | | | ✓ | | ✓ | | | | |
| | 秋海棠 | *B.evansiana* | | ✓ | | | | | ✓ | | | | | | ✓ | ✓ | ✓ | ✓ | | | | | | | | ✓ | | | | | | ✓ |
| 瑞香科 | 结香 | *Edgeworthia chrysantha* | | ✓ | | | ✓ | | | | | | | ✓ | | ✓ | | | ✓ | | ✓ | | | | | ✓ | | | ✓ | | |
| 胡颓子科 | 金边胡颓子 | *Elaeagnus pungens var.aurea* | | ✓ | | | ✓ | | | | | ✓ | | | ✓ | ✓ | | ✓ | ✓ | ✓ | | | | | ✓ | | | ✓ | | | | |
| 千屈菜科 | 细叶萼距花 | *Cuphea hyssopifolia* | ✓ | | | ✓ | | | | | ✓ | | | | ✓ | | | ✓ | | | | | ✓ | | | ✓ | | ✓ | | | | |
| | 千屈菜 | *Lythrum salicaria* | | ✓ | | | | | ✓ | | | | | | ✓ | | ✓ | ✓ | | | | | | | | ✓ | | ✓ | | | | |
| 桃金娘科 | 赤楠 | *Syzygium buxifolium* | | ✓ | | | ✓ | | | | | ✓ | | | ✓ | | | ✓ | | | | ✓ | ✓ | | ✓ | | | ✓ | | | | |
| 柳叶菜科 | 倒挂金钟 | *Fuchsia hybrida* | | ✓ | | | ✓ | | | | | ✓ | | | ✓ | | | ✓ | | | | | | | | ✓ | | ✓ | | | | |
| | 待霄草 | *Oenothera stricta* | | ✓ | | | | | ✓ | | ✓ | | | | ✓ | | | ✓ | | | | | | | | ✓ | | ✓ | | | | |
| 五加科 | 八角金盘 | *Fatsia japonica* | | | | ✓ | | | | | | ✓ | | | | ✓ | | | | | ✓ | | | | ✓ | | | | | ✓ | ✓ | |
| | 常春藤 | *Hedera helix* | | | | | | ✓ | | | | ✓ | | | ✓ | ✓ | | | | | ✓ | | | | ✓ | | | | | ✓ | ✓ | |
| | 中华常春藤 | *H.nepalensis* | | ✓ | | | | ✓ | | | | ✓ | | | ✓ | ✓ | | | | | ✓ | | | | ✓ | | | | | ✓ | ✓ | |
| 山茱萸科 | 花叶青木 | *Aucuba japonica 'Variegate'* | | ✓ | | | ✓ | | | | | ✓ | | | | ✓ | | | | | ✓ | | | | ✓ | | | | | ✓ | | |
| 杜鹃花科 | 羊踯躅 | *Rhododendron molle* | | ✓ | | | ✓ | | | | | | | ✓ | ✓ | | | | ✓ | | | ✓ | | | | ✓ | | ✓ | ✓ | | | |
| | 白花杜鹃 | *Rh.mucronatum* | | ✓ | | | ✓ | | | | | | ✓ | | ✓ | | | | | | | ✓ | | | | ✓ | | ✓ | ✓ | | | |
| | 锦绣杜鹃 | *Rh.pulchrum* | | ✓ | | | ✓ | | | | | | ✓ | | ✓ | | | | | | | ✓ | | | | ✓ | | ✓ | ✓ | | | |
| | 杜鹃 | *Rh.simsi* | | ✓ | | | ✓ | | | | | | ✓ | | ✓ | ✓ | | | | | | ✓ | | | | ✓ | | ✓ | | | | ✓ |
| 紫金牛科 | 紫金牛 | *Ardisia japonica* | ✓ | | | | | | | | | ✓ | | | | ✓ | | | | | ✓ | ✓ | | | ✓ | | ✓ | | | ✓ | | |
| 报春花科 | 聚花过路黄 | *Lysimachia congestiflora Hemsl* | ✓ | | | | | | | | | ✓ | | | ✓ | | | ✓ | | | | | | ✓ | | ✓ | | ✓ | | | | |
| 木犀科 | 金钟花 | *Forsythia viridissima* | | ✓ | | | ✓ | | | | | | | ✓ | ✓ | | | | ✓ | ✓ | | | | | | ✓ | | ✓ | ✓ | | | |
| | 云南黄馨 | *Jasminum mesnyi* | | ✓ | | | ✓ | | | | | | ✓ | | ✓ | | | | | ✓ | | | | | | ✓ | | | ✓ | | | |
| | 迎春 | *J.nudiflorum* | | ✓ | | | ✓ | | | | | | | ✓ | ✓ | | | | ✓ | ✓ | | | | | | ✓ | | ✓ | ✓ | | | |
| | 金叶女贞 | *Ligustrum * vicaryi* | | ✓ | | | ✓ | | | | | | ✓ | | ✓ | | | | ✓ | ✓ | | | | ✓ | | | | ✓ | | | | |
| 马钱科 | 醉鱼草 | *Buddleja lindleyana* | | ✓ | | | ✓ | | | | | | | ✓ | ✓ | ✓ | | ✓ | ✓ | | | | | | | ✓ | | | ✓ | | | ✓ |
| 夹竹桃科 | 长春花 | *Catharanthus roseus* | | ✓ | | | | | ✓ | | | | | | ✓ | | | ✓ | | | | | | | | ✓ | | ✓ | | | | |
| | 络石 | *Trachelospermum* | ✓ | | | | | ✓ | | | | ✓ | | | ✓ | ✓ | | ✓ | | | ✓ | | | | | ✓ | | | ✓ | ✓ | ✓ | |
| | 花叶蔓长春花 | *Vinca maijor 'Variegata'* | ✓ | | | | | ✓ | ✓ | | | | ✓ | | | ✓ | ✓ | | | | ✓ | | | ✓ | ✓ | | | ✓ | ✓ | ✓ | | ✓ |
| 旋花科 | 旋花 | *Calystegia silvatica* | ✓ | | | | | ✓ | ✓ | | | | | | ✓ | | | ✓ | | | | | | | | ✓ | | | ✓ | | | |

138

| 科名 | 中名 | 拉丁名 | 低 | 中 | 高 | 小乔木 | 灌木 | 藤本 | 多年生 | 越年生 | 一年生 | 常绿 | 半常绿 | 落叶 | 向阳 | 阴湿 | 湿地 | 耐热 | 耐寒 | 耐旱 | 耐荫 | 耐酸 | 耐瘠 | 盖地面 | 观叶 | 观花 | 观果 | 地面 | 斜坡 | 林下 | 棚架 | 岩缝 |
|---|---|---|---|---|---|---|---|---|---|---|---|---|---|---|---|---|---|---|---|---|---|---|---|---|---|---|---|---|---|---|---|---|
| 旋花科 | 马蹄金 | *Dichondra repens* | ✓ | | | | | | ✓ | | | | | | ✓ | ✓ | | ✓ | | ✓ | ✓ | | | ✓ | ✓ | | | ✓ | ✓ | | | |
| | 牵牛 | *Pharbitis nil* | | | | | | ✓ | | | ✓ | | | | ✓ | | | ✓ | | ✓ | | | | ✓ | | ✓ | | ✓ | | | ✓ | |
| | 茑萝 | *Quamoclit pennata* | | | | | | ✓ | | | ✓ | | | | ✓ | | | ✓ | | | | | ✓ | ✓ | ✓ | ✓ | | ✓ | | | ✓ | |
| 马鞭草科 | 臭牡丹 | *Clerodendrum bungei* | | ✓ | | ✓ | | | | | | | | ✓ | ✓ | ✓ | | ✓ | ✓ | ✓ | ✓ | ✓ | | | | ✓ | | ✓ | | | | |
| | 马缨丹 | *Lantana camara* | | | ✓ | ✓ | | | | | | ✓ | | | ✓ | | | ✓ | | ✓ | | | | ✓ | ✓ | ✓ | | ✓ | ✓ | | | |
| 唇形科 | 美女樱 | *Verbena hybrida* | ✓ | | | | | | ✓ | | | | | | ✓ | | | ✓ | | ✓ | | | | ✓ | | ✓ | | ✓ | ✓ | ✓ | | |
| | 彩叶草 | *Coleus scutellarioides* | ✓ | | | | | | ✓ | | | | | | ✓ | | | | | | ✓ | | | | ✓ | | | ✓ | | | | |
| | 连钱草 | *Glechoma longituba* | ✓ | | | | | | ✓ | | | | | | | ✓ | ✓ | | | | ✓ | | | ✓ | | | | ✓ | | | | |
| | 野芝麻 | *Lamium barbatum* | | ✓ | | | | | ✓ | | | | | | | ✓ | | | | | ✓ | | | | | ✓ | | ✓ | | | | |
| | 紫苏 | *Perilla frutescens* | | ✓ | | | | | | | ✓ | | | | ✓ | ✓ | | ✓ | | ✓ | | | | ✓ | | | | ✓ | | | | |
| | 一串红 | *Salvia splendens* | | ✓ | | | | | ✓ | | ✓ | | | | ✓ | | | ✓ | | | | | | | | ✓ | | ✓ | | | | |
| 茄科 | 五彩辣椒 | *Capsicum annuum var. cerasiforme* | | ✓ | | | | | | | ✓ | | | | ✓ | | | ✓ | | | | | | | | | ✓ | | | ✓ | | |
| | 枸杞 | *Lycium chinense* | | ✓ | | ✓ | | | | | | | | ✓ | ✓ | | | ✓ | | ✓ | | | | | | | ✓ | | | | | ✓ |
| | 花烟草 | *Nicotiana alata * forgetiana* | | | ✓ | | | | | ✓ | ✓ | | | | ✓ | | | ✓ | | | | | | ✓ | | ✓ | | ✓ | | | | |
| | 矮牵牛 | *Petunia hybrida* | | ✓ | | | | | | | ✓ | | | | ✓ | | | ✓ | | | | | | ✓ | | ✓ | | ✓ | | | | |
| | 白英 | *Solanum lyratum* | | | | | ✓ | ✓ | | | | | | ✓ | ✓ | | ✓ | | | ✓ | | | | | ✓ | | | | | | | ✓ |
| 玄参科 | 蓝猪耳 | *Torenia fournieri* | ✓ | | | | | | | | ✓ | | | | ✓ | | | ✓ | | | ✓ | | | ✓ | | ✓ | | ✓ | | | | |
| | 金鱼草 | *Antirrhinum majus* | | ✓ | | | | | ✓ | | | | | | ✓ | | | ✓ | | | | | | | | ✓ | | ✓ | | | | |
| | 毛地黄 | *Digitalis purpurea* | | | ✓ | | | | ✓ | ✓ | | | | | ✓ | | | | ✓ | | | | | | | ✓ | | ✓ | | | | |
| | 通泉草 | *Mazus pumilum* | ✓ | | | | | | | | ✓ | | | | ✓ | | ✓ | ✓ | | ✓ | | | | ✓ | | | | ✓ | | | | ✓ |
| 紫葳科 | 美国凌霄 | *Campsis radicans* | | | | | ✓ | | | | | | | ✓ | ✓ | | | ✓ | ✓ | | | | | | | ✓ | | | | ✓ | ✓ |
| 茜草科 | 细叶水团花 | *Adina rubella* | | ✓ | | ✓ | | | | | | | | ✓ | ✓ | | ✓ | ✓ | | | | | | ✓ | ✓ | ✓ | | ✓ | | | | |
| | 水栀子 | *Gardenia jasminoides var radicans* | | ✓ | | ✓ | | | | | | ✓ | | ✓ | | | ✓ | | | | | | ✓ | ✓ | ✓ | | ✓ | ✓ | ✓ | | | |
| | 六月雪 | *Serissa japonica* | | ✓ | | ✓ | | | | | | ✓ | | ✓ | | | ✓ | | | | | | ✓ | ✓ | ✓ | | ✓ | | | | | |
| 忍冬科 | 忍冬 | *Lonicera japonica* | | | | | ✓ | | | | | ✓ | ✓ | ✓ | | | ✓ | ✓ | | | | | | ✓ | | | | | ✓ | ✓ |  |
| 葫芦科 | 绞股蓝 | *Gynostemma pentaphyllum* | | | | | ✓ | ✓ | | | | | | | ✓ | | | ✓ | | | | | | ✓ | | | | | ✓ | ✓ |  |
| 桔梗科 | 风铃草 | *Campanula medium* | | ✓ | | | | | ✓ | | | | | | ✓ | | | ✓ | ✓ | | | | | | ✓ | | ✓ | ✓ | ✓ | | |  |
| | 半边莲 | *Lobelia chinensis* | ✓ | | | | | ✓ | | | | | | | ✓ | ✓ | ✓ | ✓ | | | | | | ✓ | | | | ✓ | | | |  |
| 菊科 | 千叶蓍 | *Achillea millefolium* | | ✓ | | | | ✓ | | | | | | | ✓ | | | ✓ | ✓ | ✓ | | | | | | ✓ | | ✓ | | | |  |
| | 藿香蓟 | *Ageratum conyzoides* | ✓ | | | | | | | ✓ | | | | | ✓ | | | ✓ | | ✓ | | | | ✓ | | ✓ | | ✓ | | | |  |
| | 雏菊 | *Bellis perennis* | ✓ | | | | | | | ✓ | | | | | ✓ | | | | ✓ | | | | | | | ✓ | | ✓ | ✓ | | |  |
| | 金盏菊 | *Calendula officinalis* | ✓ | | | | | ✓ | | | | | | | ✓ | | | | ✓ | | | | | ✓ | | ✓ | | ✓ | ✓ | | |  |

139

| 科名 | 中名 | 拉丁名 | 低 | 中 | 高 | 小乔木 | 灌木 | 藤本 | 多年生 | 越年生 | 一年生 | 常绿 | 半常绿 | 落叶 | 向阳 | 阴湿 | 湿地 | 耐热 | 耐寒 | 耐旱 | 耐荫 | 耐酸 | 耐瘠 | 盖地 | 观叶 | 观花 | 观果 | 地面 | 斜坡 | 林下 | 棚架 | 岩缝 |
|---|---|---|---|---|---|---|---|---|---|---|---|---|---|---|---|---|---|---|---|---|---|---|---|---|---|---|---|---|---|---|---|---|
| 菊科 | 翠菊 | *Callistephus chinensis* |  | ✓ |  |  |  |  |  |  | ✓ |  |  |  | ✓ |  |  |  |  |  |  |  |  |  | ✓ |  |  | ✓ | ✓ |  |  |  |
|  | 矢车菊 | *Centaurea cyanus* | ✓ |  |  |  |  |  |  |  | ✓ |  |  |  | ✓ |  |  |  |  | ✓ |  |  |  |  | ✓ | ✓ |  | ✓ | ✓ |  |  |  |
|  | 大花金鸡菊 | *Coreopsis grandiflora* | ✓ |  |  |  |  |  | ✓ |  |  |  |  |  | ✓ |  |  |  |  | ✓ | ✓ |  |  |  | ✓ | ✓ |  | ✓ | ✓ |  |  | ✓ |
|  | 秋英 | *Cosmos bipinnatus* |  |  | ✓ |  |  |  | ✓ |  | ✓ |  |  |  | ✓ |  |  | ✓ |  |  |  |  |  |  | ✓ | ✓ |  | ✓ | ✓ |  |  | ✓ |
|  | 野菊 | *Dendranthema indica* | ✓ |  |  |  |  |  | ✓ |  |  |  |  |  | ✓ | ✓ |  | ✓ | ✓ | ✓ | ✓ | ✓ | ✓ |  | ✓ | ✓ |  | ✓ | ✓ |  |  | ✓ |
|  | 大吴风草 | *Farfugium japonicum* |  | ✓ |  |  |  |  | ✓ |  |  |  |  |  |  | ✓ |  |  |  |  | ✓ |  |  |  | ✓ | ✓ |  | ✓ |  | ✓ |  |  |
|  | 马兰 | *Kalimeris indica* | ✓ |  |  |  |  |  | ✓ |  |  |  |  |  | ✓ | ✓ |  | ✓ | ✓ | ✓ | ✓ | ✓ | ✓ |  | ✓ | ✓ |  | ✓ | ✓ |  |  | ✓ |
|  | 千里光 | *Senecio scandens* |  | ✓ |  |  | ✓ |  | ✓ |  |  |  |  |  | ✓ | ✓ |  | ✓ | ✓ | ✓ | ✓ | ✓ | ✓ |  | ✓ | ✓ |  |  |  |  |  | ✓ |
|  | 蒲儿根 | *S. oldhamianus* |  | ✓ |  |  |  |  |  | ✓ |  |  |  |  | ✓ | ✓ |  |  |  |  | ✓ |  |  |  | ✓ | ✓ |  |  |  |  |  | ✓ |
|  | 孔雀草 | *Tagetes erecta* |  | ✓ |  |  |  |  |  |  | ✓ |  |  |  | ✓ |  |  | ✓ |  | ✓ | ✓ | ✓ |  |  | ✓ | ✓ |  | ✓ | ✓ |  |  |  |
|  | 百日菊 | *Zinnia elegans* |  | ✓ |  |  |  |  |  |  | ✓ |  |  |  | ✓ |  |  |  |  | ✓ | ✓ |  |  |  | ✓ | ✓ |  | ✓ | ✓ |  |  |  |
|  | 蟛蜞菊 | *Wedelia trilobata* | ✓ |  |  |  |  |  | ✓ |  |  |  |  |  | ✓ | ✓ |  | ✓ | ✓ | ✓ | ✓ | ✓ | ✓ |  | ✓ | ✓ |  | ✓ | ✓ |  |  |  |
| 鸭趾草科 | 杜若 | *Pollia miranda* |  | ✓ |  |  |  |  | ✓ |  |  |  |  |  |  | ✓ |  |  |  |  | ✓ |  |  |  | ✓ | ✓ |  | ✓ | ✓ | ✓ | ✓ |  |
|  | 紫竹梅 | *Setcreasea pallida* | ✓ |  |  |  |  |  | ✓ |  |  |  |  |  | ✓ | ✓ |  | ✓ |  | ✓ | ✓ |  |  |  | ✓ | ✓ |  | ✓ | ✓ | ✓ | ✓ |  |
|  | 紫露草 | *Tradescantia ohiensis* |  | ✓ |  |  |  |  | ✓ |  |  |  |  |  |  | ✓ |  |  |  |  | ✓ |  |  |  | ✓ | ✓ |  | ✓ | ✓ | ✓ |  |  |
|  | 吊竹梅 | *Zebrina pendula* |  | ✓ |  |  |  |  | ✓ |  |  |  |  |  |  | ✓ |  |  |  |  | ✓ |  |  |  | ✓ | ✓ |  | ✓ | ✓ | ✓ | ✓ |  |
| 禾本科 | 花叶芦竹 | *Arundo donex var versicolor* |  | ✓ |  | ✓ |  |  |  |  |  |  |  |  |  | ✓ | ✓ | ✓ | ✓ | ✓ | ✓ |  |  |  |  | ✓ |  |  | ✓ |  |  | ✓ |
|  | 阔叶箬竹 | *Indocalamus latifolius* |  | ✓ |  | ✓ |  |  |  |  |  |  | ✓ |  |  | ✓ | ✓ |  |  |  | ✓ |  |  |  |  | ✓ |  |  |  | ✓ |  |  |
|  | 菲白竹 | *Pleioblastus angustifolius* |  | ✓ |  | ✓ |  |  |  |  |  |  | ✓ |  |  | ✓ | ✓ |  |  |  | ✓ |  |  |  |  | ✓ |  |  |  | ✓ |  |  |
|  | 匍茎剪股颖 | *Agrostis stolonifera* | ✓ |  |  |  |  |  | ✓ |  |  |  |  |  |  | ✓ | ✓ |  | ✓ | ✓ | ✓ |  | ✓ |  | ✓ |  |  |  | ✓ |  |  |  |
|  | 狗牙根 | *Cynodon dactylon* | ✓ |  |  |  |  |  | ✓ |  |  |  |  |  |  | ✓ |  |  | ✓ |  | ✓ |  |  |  | ✓ |  |  |  | ✓ |  |  |  |
|  | 弯叶画眉草 | *Eragrostis curvula* |  | ✓ |  |  |  |  | ✓ |  |  |  |  |  |  | ✓ |  |  | ✓ | ✓ | ✓ |  | ✓ |  | ✓ |  |  |  | ✓ |  |  |  |
|  | 假俭草 | *Eremochloa ophiuroides* | ✓ |  |  |  |  |  | ✓ |  |  |  |  |  |  | ✓ |  |  |  | ✓ | ✓ |  |  |  | ✓ |  |  |  | ✓ |  |  |  |
|  | 蒲苇 | *Cortaderia selloana* |  | ✓ |  |  | ✓ |  |  |  |  |  |  | ✓ |  | ✓ |  |  | ✓ | ✓ | ✓ |  |  |  |  | ✓ | ✓ | ✓ | ✓ |  |  |  |
|  | 高羊茅 | *Fescue arundinacea* | ✓ |  |  |  |  |  | ✓ |  |  |  |  |  |  | ✓ | ✓ |  |  |  | ✓ |  |  |  | ✓ |  |  |  | ✓ |  |  |  |
|  | 黑麦草 | *Lolium perenne* | ✓ |  |  |  |  |  | ✓ |  |  |  |  |  |  | ✓ |  |  |  |  |  |  |  |  | ✓ |  | ✓ |  | ✓ | ✓ |  |  |
|  | 百喜草 | *Paspalum notatum* | ✓ |  |  |  |  |  | ✓ |  |  |  |  |  |  | ✓ |  |  | ✓ |  | ✓ |  |  |  | ✓ |  |  |  | ✓ |  |  |  |
|  | 草地早熟禾 | *Poa pratensis* | ✓ |  |  |  |  |  | ✓ |  |  |  |  |  |  | ✓ | ✓ |  |  |  | ✓ |  |  |  | ✓ |  |  |  | ✓ |  |  |  |
|  | 香根草 | *Vetiveria zizanioides* |  |  | ✓ |  |  |  | ✓ |  |  |  |  |  |  | ✓ |  |  | ✓ |  | ✓ |  | ✓ |  | ✓ |  |  |  | ✓ |  |  |  |
|  | 沟叶结缕草 | *Zoysia matrella* | ✓ |  |  |  |  |  | ✓ |  |  |  |  |  |  | ✓ |  |  | ✓ |  | ✓ |  |  |  | ✓ |  |  |  | ✓ |  |  |  |
|  | 中华结缕草 | *Z. sinica* | ✓ |  |  |  |  |  | ✓ |  |  |  |  |  |  | ✓ |  |  | ✓ |  | ✓ |  |  |  | ✓ |  |  |  | ✓ |  |  |  |
| 莎草科 | 伞草 | *Cyperus alternifolius* |  | ✓ |  |  |  |  | ✓ | ✓ |  |  |  |  |  |  | ✓ |  |  |  | ✓ |  |  |  |  | ✓ |  |  | ✓ | ✓ | ✓ |  |
| 百合科 | 萱草 | *Hemerocallis fulva* |  | ✓ |  |  |  |  | ✓ |  |  |  |  |  |  | ✓ | ✓ |  | ✓ | ✓ | ✓ |  | ✓ |  |  | ✓ | ✓ |  | ✓ | ✓ | ✓ |  |
|  | 玉簪 | *Hosta plantaginea* |  | ✓ |  |  |  |  | ✓ |  |  |  |  |  |  | ✓ |  |  | ✓ |  | ✓ |  | ✓ |  |  | ✓ | ✓ |  | ✓ | ✓ | ✓ |  |

| 科名 | 中名 | 拉丁名 | 低 | 中 | 高 | 小乔木 | 灌木 | 藤本 | 多年生 | 越年生 | 一年生 | 常绿 | 半常绿 | 落叶 | 向阳 | 阴 | 湿地 | 耐热 | 耐寒 | 耐旱 | 耐荫 | 耐酸 | 耐瘠 | 盖地 | 观叶 | 观花 | 观果 | 地面 | 斜坡 | 林下 | 棚架 | 岩缝 |
|---|---|---|---|---|---|---|---|---|---|---|---|---|---|---|---|---|---|---|---|---|---|---|---|---|---|---|---|---|---|---|---|---|
| 百合科 | 紫萼 | *Hosta ventricosa* |  | ✓ |  |  |  |  | ✓ |  |  |  |  |  | ✓ | ✓ |  | ✓ |  |  | ✓ |  |  | ✓ | ✓ | ✓ |  | ✓ | ✓ | ✓ |  |  |
|  | 阔叶山麦冬 | *Liriope muscari* | ✓ |  |  |  |  |  | ✓ |  |  | ✓ |  |  | ✓ | ✓ |  | ✓ | ✓ |  | ✓ | ✓ |  | ✓ | ✓ |  |  | ✓ |  |  |  |  |
|  | 麦冬 | *Ophiopogon japonicus* | ✓ |  |  |  |  |  | ✓ |  |  | ✓ |  |  | ✓ | ✓ |  | ✓ | ✓ |  | ✓ | ✓ | ✓ | ✓ |  |  |  | ✓ |  |  |  |  |
|  | 吉祥草 | *Reineckia carnea* | ✓ |  |  |  |  |  | ✓ |  |  |  |  |  | ✓ | ✓ |  | ✓ |  |  | ✓ |  |  | ✓ | ✓ |  |  | ✓ |  |  |  |  |
|  | 万年青 | *Rohdea japonica* | ✓ |  |  |  |  |  | ✓ |  |  | ✓ |  |  | ✓ |  |  |  |  |  | ✓ |  |  |  | ✓ |  | ✓ | ✓ |  | ✓ |  |  |
|  | 绵枣儿 | *Scilla scilloides* | ✓ |  |  |  |  |  | ✓ |  |  |  |  |  | ✓ |  |  | ✓ |  |  | ✓ |  |  | ✓ |  | ✓ |  | ✓ |  |  |  |  |
|  | 白穗花 | *Speirantha gardenii* |  | ✓ |  |  |  |  | ✓ |  |  | ✓ |  |  | ✓ |  |  | ✓ |  |  | ✓ |  |  | ✓ |  | ✓ |  | ✓ |  |  |  |  |
| 石蒜科 | 蜘蛛兰 | *Hymenocallis littoralis* |  |  | ✓ |  |  |  | ✓ |  |  |  |  |  | ✓ |  |  |  |  |  |  |  |  |  |  | ✓ |  |  |  |  |  |  |
|  | 石蒜 | *Lycoris radiata* |  | ✓ |  |  |  |  | ✓ |  |  |  |  |  |  | ✓ |  | ✓ |  |  | ✓ |  |  |  |  | ✓ |  | ✓ |  | ✓ |  |  |
|  | 稻草石蒜 | *L. straminea* |  | ✓ |  |  |  |  | ✓ |  |  |  |  |  |  | ✓ |  | ✓ |  |  | ✓ |  |  |  |  | ✓ |  | ✓ |  | ✓ |  |  |
|  | 玉帘 | *Zephyranthes candida* | ✓ |  |  |  |  |  | ✓ |  |  | ✓ |  |  | ✓ |  |  | ✓ |  |  | ✓ |  |  | ✓ |  | ✓ |  | ✓ |  |  |  |  |
|  | 韭莲 | *Z. grandiflora* | ✓ |  |  |  |  |  | ✓ |  |  |  |  |  | ✓ |  |  | ✓ |  |  | ✓ |  |  | ✓ |  | ✓ |  | ✓ |  |  |  |  |
| 鸢尾科 | 射干 | *Belamcanda chinensis* |  |  | ✓ |  |  |  | ✓ |  |  | ✓ |  |  | ✓ |  |  | ✓ |  |  |  | ✓ |  |  |  | ✓ |  | ✓ | ✓ |  |  |  |
|  | 蝴蝶花 | *Iris japonica* | ✓ | ✓ |  |  |  |  | ✓ |  |  |  |  |  | ✓ |  |  |  |  |  | ✓ | ✓ |  | ✓ |  | ✓ |  | ✓ |  |  |  |  |
|  | 黄菖蒲 | *I. pseudacorus* |  | ✓ |  |  |  |  | ✓ |  |  |  |  |  | ✓ |  | ✓ |  |  |  |  |  |  |  |  | ✓ |  | ✓ |  |  |  |  |
|  | 小花鸢尾 | *I. speculatrix* | ✓ |  |  |  |  |  | ✓ |  | ✓ |  |  |  | ✓ |  |  |  |  |  | ✓ |  |  | ✓ |  | ✓ |  | ✓ |  | ✓ |  |  |
|  | 鸢尾 | *I. tectorum* |  | ✓ |  |  |  |  | ✓ |  |  |  |  |  | ✓ |  | ✓ |  |  |  |  |  |  |  |  | ✓ |  |  |  |  |  |  |
| 美人蕉科 | 大花美人蕉 | *Canna generalis* |  | ✓ | ✓ |  |  |  | ✓ |  |  |  |  |  | ✓ |  |  | ✓ |  |  |  |  |  |  |  | ✓ |  | ✓ |  |  |  |  |
| 兰科 | 白芨 | *Bletilla striata* | ✓ |  |  |  |  |  | ✓ |  |  |  |  |  | ✓ |  |  | ✓ |  |  | ✓ |  |  |  |  | ✓ |  |  |  |  |  | ✓ |

注：植株高度基本上是指植物生长时离地面的实际高度。如25cm以下的为低，25～50cm的为中等，50cm以上的为高。经反复修剪控制植株高度的木本植物也按此划分其高度。

# 附录2 地被植物中名索引

**A**

矮牵牛 ……… 99
矮雪轮 ……… 38

**B**

八宝景天 ……… 48
八角金盘 ……… 83
白花杜鹃 ……… 85
白芨 ……… 133
白三叶 ……… 68
白穗花 ……… 128
白英 ……… 100
百脉根 ……… 66
百日菊 ……… 113
半边莲 ……… 106
薜荔 ……… 29

**C**

彩叶草 ……… 95
草地早熟禾 ……… 122
长柱小檗 ……… 41
长春花 ……… 90
常春藤 ……… 83
赤楠 ……… 81
臭牡丹 ……… 94
雏菊 ……… 107
垂盆草 ……… 50
酢浆草 ……… 69
翠菊 ……… 108
翠云草 ……… 22

**D**

大花金鸡菊 ……… 109
大花马齿苋 ……… 36
大花美人蕉 ……… 133
大吴风草 ……… 111
杜衡 ……… 30
待霄草 ……… 82
倒挂金钟 ……… 82

稻草石蒜 ……… 129
棣棠花 ……… 55
吊竹梅 ……… 116
东南景天 ……… 49
冬红茶梅 ……… 76
冬青卫矛 ……… 74
杜鹃 ……… 86
杜若 ……… 114
盾蕨 ……… 26
盾叶天竺葵 ……… 70
多花酢浆草 ……… 69

**F**

飞燕草 ……… 39
菲白竹 ……… 117
粉花绣线菊 ……… 61
风铃草 ……… 105
凤仙花 ……… 74
佛甲草 ……… 49
扶芳藤 ……… 73

**G**

高粱泡 ……… 57
高羊茅 ……… 120
葛藤 ……… 67
沟叶结缕草 ……… 123
狗牙根 ……… 118
枸杞 ……… 98
枸骨 ……… 73
贯众 ……… 25
光叶子花 ……… 35

**H**

海金沙 ……… 23
海桐 ……… 51
旱金莲 ……… 71
何首乌 ……… 31
荷包牡丹 ……… 45
黑草麦 ……… 121

红花檵木 ……… 53
荭蓼 ……… 32
厚皮菜 ……… 33
胡枝子 ……… 65
槲蕨 ……… 27
蝴蝶花 ……… 131
虎耳草 ……… 51
花菱草 ……… 45
花烟草 ……… 99
花叶冷水花 ……… 30
花叶芦竹 ……… 116
花叶蔓长春花 ……… 91
花叶青木 ……… 84
黄菖蒲 ……… 131
黄杨 ……… 72
火棘 ……… 56
火炭母 ……… 31
藿香蓟 ……… 107

**J**

鸡冠花 ……… 33
鸡眼草 ……… 65
吉祥草 ……… 126
聚花过路黄 ……… 87
蕺菜 ……… 29
檵木 ……… 52
假俭草 ……… 119
剪春罗 ……… 38
绞股蓝 ……… 105
结香 ……… 79
金边胡颓子 ……… 80
金丝梅 ……… 77
金丝桃 ……… 76
金叶女贞 ……… 89
金叶千头柏 ……… 27
金樱子 ……… 59
金鱼草 ……… 101

金盏菊 ……… 108
金钟花 ……… 88
锦鸡儿 ……… 64
锦绣杜鹃 ……… 86
井栏边草 ……… 24
韭莲 ……… 129
救荒野豌豆 ……… 68
蕨 ……… 23

**K**

刻叶紫堇 ……… 44
孔雀草 ……… 113
阔叶十大功劳 ……… 42
苦参 ……… 67
阔叶箬竹 ……… 117
阔叶山麦冬 ……… 125

**L**

蓝猪耳 ……… 100
李叶绣线菊 ……… 62
连钱草 ……… 96
六角莲 ……… 42
六月雪 ……… 104
庐山石韦 ……… 26
络石 ……… 91

**M**

麻叶绣线菊 ……… 61
马棘 ……… 64
马兰 ……… 111
马蹄金 ……… 92
马缨丹 ……… 94
麦冬 ……… 126
芒萁 ……… 22
毛地黄 ……… 101
茅莓 ……… 57
美国凌霄 ……… 102
美女樱 ……… 95
美州商陆 ……… 36

绵枣儿 ……… 127
木防已 ………… 44
木通 ………… 41
木香花 ……… 58
N
南天竹 ……… 43
茑萝 ………… 93
女萎 ………… 39
P
爬山虎 ……… 75
蟛蜞菊 ……… 114
蓬蘽 ………… 56
平枝枸子 …… 54
铺地柏 ……… 28
匍茎剪股颖 … 118
蒲儿根 ……… 112
蒲苇 ………… 120
Q
七姐妹 ……… 60
千里光 ……… 112
千屈菜 ……… 80
千日红 ……… 34
千叶蓍 ……… 106
牵牛 ………… 93
秋海棠 ……… 79
秋英 ………… 110
球柏 ………… 28
R
忍冬 ………… 104
日本木瓜 …… 53
S
三色堇 ……… 78
伞草 ………… 124
缫丝花 ……… 60
扫帚菜 ……… 32
沙地柏 ……… 28

芍药 ………… 40
蛇含委陵菜 … 55
蛇莓 ………… 54
射干 ………… 130
肾蕨 ………… 25
十大功劳 …… 43
石蒜 ………… 128
石竹 ………… 37
矢车菊 ……… 109
水栀子 ……… 103
硕苞蔷薇 …… 58
四季海棠 …… 78
T
胎生狗脊 …… 24
天竺葵 ……… 70
通泉草 ……… 102
W
弯叶画眉草 … 119
万年青 ……… 127
五彩辣椒 …… 98
五色苋 ……… 34
百喜草 ……… 121
X
细叶萼距花 … 80
细叶水团花 … 103
苋 …………… 35
香根草 ……… 122
香雪球 ……… 47
小花鸢尾 …… 132
小毛茛 ……… 40
小叶蚊母树 … 52
绣球 ………… 50
须苞石竹 …… 37
萱草 ………… 124
旋花 ………… 92
Y

延羽卵果蕨 …… 24
羊踯躅 ……… 85
野菊 ………… 110
野蔷薇 ……… 60
野芝麻 ……… 96
一串红 ……… 97
一品红 ……… 72
异叶爬山虎 … 75
银边翠 ……… 71
迎春 ………… 89
虞美人 ……… 46
羽衣甘蓝 …… 47
玉帘 ………… 130
玉簪 ………… 124
鸢尾 ………… 132
月季花 ……… 59
云南黄馨 …… 88
云实 ………… 63
Z
蜘蛛兰 ……… 128
直立黄芪 …… 63
中华常春藤 … 84
中华结缕草 … 123
诸葛菜 ……… 48
紫萼 ………… 125
紫花地丁 …… 77
紫花苜蓿 …… 66
紫金牛 ……… 87
紫露草 ……… 115
紫茉莉 ……… 36
紫苏 ………… 97
紫穗槐 ……… 62
紫藤 ………… 68
紫竹梅 ……… 115
醉蝶花 ……… 46
醉鱼草 ……… 90

# 附录3　地被植物拉丁名索引

## A

Achillea millefolium ……… 106
Adina rubella ……… 103
Ageratum conyzoides ……… 107
Agrostis stolonifera ……… 118
Akebia quinata ……… 41
Alternanthera ficoidea 'Bettzickiana' ……… 34
Amaranthus tricolor ……… 35
Amorpha fruticosa ……… 62
Antirrhinum majus ……… 101
Ardisia japonica ……… 87
Arundo donax var. versicolor ……… 116
Asarum forbesii ……… 30
Astragalus adsurgens ……… 63
Aucuba japonica 'Variegata' ……… 84

## B

Begonia cucullata ……… 78
Begonia evansiana ……… 79
Belamcanda chinensis ……… 130
Bellis perennis ……… 107
Berberis lempergiana Ahrendt ……… 41
Beta vulgaris var. cicla ……… 33
Bletilla striata ……… 133
Bougainvillea glabra ……… 35
Brassica oleracea var. acephala tricolor ……… 47
Buddleja lindleyana ……… 90
Buxus sinica ……… 72

## C

Caesalpinia decapetala ……… 63
Calendula officinalis ……… 108
Callistephus chinensis ……… 108
Calystegia silvatica ……… 92
Camellia hiemalis ……… 76
Campanula medium ……… 105
Campsis radicans ……… 102
Canna generalis ……… 133
Capsicum annuum var. cerasiforme ……… 98
Caragana sinica ……… 64
Catharanthus roseus ……… 90
Celosia cristata ……… 33
Centaurea cyanus ……… 109
Chaenomeles japonica ……… 53
Clematis apiifolia ……… 39

Cleome spinosa ……… 46
Clerodendrum bungei ……… 94
Cocculus orbiculatus ……… 44
Coleus scutellarioides ……… 95
Consolida ambigua ……… 39
Coreopsis grandiflora ……… 109
Cortaderia selloana ……… 120
Corydalis incisa ……… 44
Cosmos bipinnatus ……… 110
Cotoneaster horizontalis ……… 54
Cuphea hyssopifolia ……… 80
Cynodon dactylon ……… 118
Cyperus alternifolius ssp. flabelliformis ……… 124
Cyrtomium fortunei ……… 25

## D

Dendranthema indica ……… 110
Dianthus barbatus ……… 37
Dianthus chinensis ……… 37
Dicentra spectabilis ……… 45
Dichondra micrantha ……… 92
Dicranopteris pendata ……… 22
Digitalis purpurea ……… 101
Distylium buxifolium ……… 52
Drynaria fortunei ……… 27
Duchesnea indica ……… 54
Dysosma pleiantha ……… 42

## E

Edgeworthia chrysantha ……… 79
Elaeagnus pungens var. aurea ……… 80
Eragrostis curvula ……… 119
Eremochloa ophiuroides ……… 119
Eschscholtzia californica ……… 45
Euonymus fortunei ……… 73
Euonymus japonicus ……… 74
Euphorbia marginata ……… 71
Euphorbia pulcherrima ……… 72

## F

Farfugium japonicum ……… 111
Fatsia japonica ……… 83
Fescue arundinacea ……… 120
Ficus pumila ……… 29
Forsythia viridissima ……… 88
Fuchsia hybrida ……… 82

G

Gardenia jasminoides var.radicans ··········· 103
Glechoma longituba ····················· 96
Gomphrena globosa ···················· 34
Gynostemma pentaphyllum ·············· 105

H

Hedera helix ························· 83
Hedera nepalensis var. sinensis ·········· 84
Hemerocallis fulva ··················· 124
Hosta plantaginea ··················· 124
Hosta ventricosa ···················· 125
Houttuynia cordata ··················· 29
Hydrangea macrophylla ················· 50
Hylotelephium erythrostictum ············ 48
Hymenocallis littoralis ················ 128
Hypericum monogynum ················· 76
Hypericum patulum ··················· 77

I

Ilex cornuta ························ 73
Impatiens balsamina ·················· 74
Indigofera pseudotinctoria ·············· 64
Indocalamus latifolius ················· 117
Iris japonica ······················· 131
Iris pseudacorus ···················· 131
Iris speculatrix ····················· 132
Iris tectorum ······················· 132

J

Jasminum mesnyi ···················· 88
Jasminum nudiflorum ················· 89

K

Kalimeris indica ···················· 111
Kerria japonica ····················· 55
Kochia scoparia f. trichophylla ··········· 32
Kummerowia striata ·················· 65

L

Lamium barbatum ···················· 96
Lantana camara ····················· 94
Lespedeza bicolor ··················· 65
Ligustrum * vicaryi ·················· 89
Liriope muscari ····················· 125
Lobelia chinensis ··················· 106
Lobularia maritima ·················· 47
Lolium perenne ····················· 121
Lonicera japonica ··················· 104
Loropetalum chinense ················· 52
Loropetalum chinense var. rubrum ········· 53

Lotus corniculatus ·················· 66
Lychnis coronata ··················· 38
Lycium chinense ···················· 98
Lycoris radiata ···················· 128
Lycoris straminea ··················· 129
Lygodium japonicum ················· 23
Lysimachia congestiflora ·············· 87
Lythrum salicaria ··················· 80

M

Mahonia bealei ···················· 42
Mahonia fortunei ··················· 43
Mazus pumilum ···················· 102
Medicago sativa ···················· 66
Mirabilis jalapa ···················· 36

N

Nandina domestica ·················· 43
Neolepisorus ovatus ················· 26
Nephrolepis auriculata ··············· 25
Nicotiana alata ···················· 99

O

Oenothera stricta ··················· 82
Ophiopogon japonicus ··············· 126
Orychophragmus violaceus ············ 48
Oxalis cornicalata ·················· 69
Oxalis martiana ···················· 69

P

Paeonia lactiflora ·················· 40
Papaver rhoeas ···················· 46
Parthenocissus dalzielii ·············· 75
Parthenocissus tricuspidata ··········· 75
Paspalum notatum ················· 121
Pelargonium hortorum ·············· 70
Pelargonium peltatum ·············· 70
Perilla frutescens ················· 97
Petunia hybrida ··················· 99
Pharbitis nil ····················· 93
Phegopteris decursive—pinnata ········ 24
Phytolacca americana ·············· 36
Pilea cadierei ···················· 30
Pittosporum tobira ················ 51
Platycladus orientalis 'Semperaurea' ····· 27
Pleioblastus angustifolius ··········· 117
Poa pratensis ···················· 122
Pollia miranda ··················· 114
Polygonum chinense ··············· 31
Polygonum multiflorum ············· 31

Polygonum orientale ·························· 32
Portulaca grandiflora ······················ 36
Potentilla sandaica ························ 55
Pteridium aquilinum var.latiusculum ··········· 23
Pteris multifida ·························· 24
Pueraria lobata ·························· 67
Pyracantha fortuneana ······················ 56
Pyrrosia sheareri ·························· 26

Q
Quamoclit pennata ·························· 93

R
Ranunculus ternatus ························ 40
Reineckia carnea ·························· 126
Rhododendron molle ······················ 85
Rhododendron mucronatum ·················· 85
Rhododendron pulchrum ···················· 86
Rhododendron simsi ······················ 86
Rohdea japonica ·························· 127
Rosa banksiae ·························· 58
Rosa bracteata ·························· 58
Rosa chinensis ·························· 59
Rosa laevigata ·························· 59
Rosa multiflora ·························· 60
Rosa multiflora 'Carnea' ···················· 60
Rosa roxburghii ·························· 60
Rubus hirsutus ·························· 56
Rubus lambertianus ························ 57
Rubus parvifolius ·························· 57

S
Sabina chinensis 'Globosa' ·················· 28
Sabina procumbens ························ 28
Sabina vulgaris ·························· 28
Salvia splendens ·························· 97
Saxifraga stolonifera ······················ 51
Scilla scilloides ·························· 127
Sedum alfredii ·························· 49
Sedum lineare ·························· 49
Sedum sarmentosum ······················ 50

Selaginella uncinata ······················ 22
Senecio scandens ························ 112
Serissa japonica ·························· 104
Setcreasea pallida ························ 115
Silene pendula ·························· 38
Sinosenecio oldhamianus ·················· 112
Solanum lyratum ·························· 100
Sophora flavescens ························ 67
Speirantha gardenii ······················ 128
Spiraea cantoniensis ······················ 61
Spiraea japonica ·························· 61
Spiraea prunifolia ························ 62
Syzygium buxifolium ······················ 81

T
Tagetes patula ·························· 113
Torenia fournieri ·························· 100
Trachelospermum jasminoides ·············· 91
Tradescantia ohiensis ···················· 115
Trifolium repens ·························· 68
Tropaeolum majus ························ 71

V
Verbena hybrida ·························· 95
Vetiveria zizanioides ······················ 122
Vicia sativa ·························· 68
Vinca maijor 'Variegata' ···················· 91
Viola philippica ·························· 77
Viola tricolor ·························· 78

W
Wedelia trilobata ·························· 114
Wisteria sinensis ·························· 68
Woodwardia prolifera ···················· 24

Z
Zebrina pendula ·························· 116
Zephyranthes candida ···················· 130
Zephyranthes grandiflora ·················· 129
Zinnia elegans ·························· 113
Zoysia matrella ·························· 123
Zoysia sinica ·························· 123

# 参 考 文 献

1.中国科学院植物研究所.中国高等植物图鉴 （1～5卷).北京:科学出版社,1972

2.郑万钧等.中国树木志 （1～2卷).北京:中国林业出版社, 1983、1984

3.陈植.观赏树木学.北京:中国林业出版社,1984

4.陈俊愉等.园林花卉.上海:上海科学技术出版社,1980

5.侯宽昭.中国种子植物科属词典.北京:科学出版社,1982

6.陈俊愉,程绪珂.中国花经.上海:上海文化出版社,1990

7.浙江省花卉协会.浙江花卉.杭州:浙江科学技术出版社,1985

8.胡中华,刘师汉.草坪与地被植物.北京:中国林业出版社,1995

9.余树勋,吴应祥.花卉词典.北京:中国农业出版社,1993

10.董保华等.汉拉英花卉及观赏树木名称.北京:中国农业出版社,1996

11.孙可群等.花卉及观赏树木栽培手册.北京:中国林业出版社,1985

12.北京林业大学园林花卉教研组.花卉学.北京:中国林业出版社,1990

13.姬君兆,黄玲燕.花卉栽培学讲义.北京:中国林业出版社,1985

14.中国林业花卉协会.中国木本观赏植物图鉴①,图鉴②.北京:中国林业出版社,1989.1993

15.浙江植物志编辑委员会.浙江植物志 （1～7卷).杭州:浙江科学技术出版社,1989.1992.1993

16.张志国.草坪建植与管理.济南:山东科学技术出版社,1998

17.孙吉雄.草坪学.北京:中国农业出版社,1995

18.楼炉焕.观赏树木学.北京:中国农业出版社,1999

19.深圳市仙湖植物园.深圳园林植物.北京:中国林业出版社,1998

20.金波.花卉资源原色图谱.北京:中国农业出版社,1999

21.潭继清,潭志坚.新编中国草坪与地被.重庆:重庆出版社,2000

22.刘建秀等.草坪、地被植物、观赏草.南京:东南大学出版社,2001

23.阮积惠.中国园林植物图谱.杭州:浙江大学出版社,2002

24.王文和.草坪与地被植物.北京:气象出版社,2004

25.卢圣.植物造景.北京:气象出版社,2004

26.Susan chamberlain, LAWNS AND GROUND COVER, Aexansria, Virginia. 1979

# 致　谢

　　地被植物在现代园林绿化和大地绿化中起着越来越重要的作用。《地被植物图谱》一书的出版有助于读者快速地查阅和识别相关的地被物种，可以为乡土地被植物的开发利用和外来地被植物的引种驯化提供参考。本书在中国建筑工业出版社领导的支持以及责任编辑白玉美、吴宇江等同志的共同努力下，顺利地完成了全书的编辑工作。此外，还得到学界同仁的大力支持和帮助，诸如中国科学院植物研究所余树勋研究员在百忙中抽时间为本书作序，北京林业大学孙晓翔教授为本书题词，这充分体现了老前辈对后学的殷切的期望和关怀；重庆市园林科研所谭继清高级工程师、浙江大学郑朝宗教授和丁炳扬教授审阅全书及拉丁文和图片，并提出宝贵的修改意见；甘肃农业大学孙吉雄教授、中国科学院华南植物研究所夏汉平研究员为本书提供数种植物照片等，作者于此一并表示衷心的感谢！